中等职业教育化学工艺专业规划教材

化工生产单元操作
学生学习工作页

储则中　尹德胜　主　编
薛彩霞　副主编
冷士良　主　审

U0301622

化学工业出版社

·北京·

《化工生产单元操作学生学习工作页》配套《化工生产单元操作》教材内容，包括11个学习项目，每个学习项目基本含2～3个子项目，子项目由若干个学习任务引领，学习任务均配有学生学习工作页，内容包括任务目标、课前准备、任务描述、任务分析与实施、任务评价与总结几部分。

工作过程以真实的生产任务引领，学生通过实施任务过程，探索过程原理、设备结构、操作规范等，实现做中学、学中做、做中教、教中做。

本书为中等职业学校化工类专业或相关专业的教学用书或参考书，也可作为高职高专化工、制药、分析类专业学生用教材，还可作为化工类中高级工的培训教材，对从事化工生产操作者也有一定的参考作用。

图书在版编目（CIP）数据

化工生产单元操作学生学习工作页/储则中，尹德胜主编．
北京：化学工业出版社，2017.10（2024.2重印）
中等职业教育化学工艺专业规划教材
ISBN 978-7-122-30486-5

Ⅰ.①化… Ⅱ.①储…②尹… Ⅲ.①化工单元操作-中等
专业学校-教学参考资料 Ⅳ.①TQ02

中国版本图书馆 CIP 数据核字（2017）第 204970 号

责任编辑：旷英姿 林 媛

责任校对：边 涛 装帧设计：王晓宇

出版发行：化学工业出版社（北京市东城区青年湖南街 13 号 邮政编码 100011）
印 装：北京科印技术咨询服务有限公司数码印刷分部
787mm×1092mm 1/16 印张14 字数346千字 2024 年 2 月北京第 1 版第 2 次印刷

购书咨询：010-64518888 售后服务：010-64518899
网 址：http://www.cip.com.cn
凡购买本书，如有缺损质量问题，本社销售中心负责调换。

定 价：35.00 元

版权所有 违者必究

前言

　　《化工生产单元操作学生学习工作页》采用项目化教学方式编写，学习者配合《化工生产单元操作》（第二版）使用，可实现在学习过程中做中学、学中做、做中教、教中做。 本书内容注重与生产实际的紧密联系，使学生能适应一线技能型人才的需求；本书重视学生的操作能力培养，注重应知、应会内容的学习与提高；融合先进的化工生产总控技术，力求达到贴近生产，使学生能更好地学以致用，强调化工生产参与者的职业素养培养。

　　本书中的工作任务是以生产实际为蓝本，将化工生产技术最基本的操作规范（操作规程）作为教材的主线，将安全生产、生产组织与管理的要素融合进去，将化工行业新技术、新设备、新工艺等纳入教材，贴近生产，更符合职业院校学生的培养目标。

　　本书强化了学科体系、知识体系的完整性，补充完善了一体化教材的知识及学科理论零碎化的不足，不仅是学习者学习过程、操作过程的学习指南，更是教师的教学助手。

　　本书采用的典型工作任务中的装置，基本是原理性的通用装置，这样既有广泛的指导作用，又方便不同教学设备的学校进行教学，因而拓宽了本教材使用的广泛性。

　　本书的每个工作任务都采用了任务目标、课前准备、任务描述、任务分析与实施、任务评价与总结几个环节，引领学习者学习感知，实现目标明确、过程清晰、重点突出的学习效果，巩固与加深学习者的知识与技能。 其中总结与反思模块可从学习者、教师的教学过程中出现的问题、疑惑、要求与想法等几方面来进行。

　　本书共分为 11 个项目（单元操作），每个项目（单元操作）中又包含若干具体任务。项目 1 由广东省石油化工职业技术学校储则中、焦创、张科编写，其中项目 1.1 的任务 3 由广东省科技职业技术学校赵刚编写；项目 2 由沈阳市化工学校邵博编写；项目 3 由河南化工技师学院王涛玉、储则中编写；项目 4 由重庆市工业学校廖权昌、万美春编写；项目 5 由陕西省石油化工学校薛彩霞编写；项目 6 由焦创、张科编写；项目 7 由广东省石油化工职业技术学校尹德胜编写；项目 8 由万美春、廖权昌编写；项目 9 由陕西省石油化工学校文美乐编写；项目 10 和拓展项目由沈阳市化工学校孙琳编写。 全书由储则中统稿，徐州工业职业技术学院冷士良审阅。

　　本书在编写过程中，得到许多领导及同行的支持和关心，尤其得到了浙江中控科教仪器设备有限公司的支持，在此一并表示感谢。

　　由于编者水平所限，不完善或疏漏之处在所难免，敬请读者和同仁指正。

编者

2017 年 5 月

目录

项目1
操作流体输送机械

项目 1.1　操作离心泵

任务 1　认识离心泵

姓名		班级		建议学时	
所在组		岗位		成绩	

任务目标

> 1. 掌握实训室的相关要求；
> 2. 学会规范穿戴劳保用品和使用常用工具；
> 3. 能按照企业 6S 管理，施行人员、设备和资料的规范管理；
> 4. 能阅读工作任务单，明确工时、工作任务等信息，能规范记录、处理工作任务数据，能用语言、文字规范描述工作任务；
> 5. 团队协作等能力；
> 6. 学会离心泵的分类及其用途；
> 7. 掌握离心泵的外部构造及功能；
> 8. 掌握离心泵的内部构造及功能。

课前准备

一、学习本实训室规章制度，在下表中列出你认为的重点并做出承诺

....

....

....

我承诺：实训期间绝不违反实训室规章制度

承诺人：

二、安全规范及劳保用品

　　1. 规范穿好工作服（根据岗位需要列出并明确穿戴规范）。

　　2. 正确佩戴安全帽（见图 1-1）。

　　3. 正确佩戴防护口罩（如果需要请列出并明确佩戴规范）。

　　4. 正确佩戴护目镜及耳塞（如果需要请列出并明确佩戴规范）。

　　5. 其他劳保用品（如果需要请列出并明确佩戴规范）。

　　6. 安全注意事项（根据岗位需要明确相应规范）。

三、写出常见工具、量具、器具名称和使用规范

| (a) 后戴 | (b) 调节后箍达到合适的舒适度 | (c) 拉紧下颚带 | (d) 正确佩戴 |

图 1-1　正确佩戴安全帽

图片	名称	规范使用方法

任务描述

一、任务描述

学生在接受老师指定的工作任务后，了解工作场地的环境、设备管理要求，穿着符合劳保要求的服装，在老师的指导下，掌握离心泵的内部和外部结构及功能，工作完成后按照6S现场管理规范清理场地、归置物品、资料归档，并按照环保规定处置废弃物。

二、具体任务

1. 观察离心泵的外观结构，它由哪些部分组成？分别有什么作用？

2. 认识离心泵铭牌。

3. 观察内部结构，主要包括哪些零部件？分别起到什么作用？

任务分析与实施

一、任务分析

在认识离心泵前，学员必须了解离心泵的类型及用途，建议按照以下步骤完成相关任务。

1. 查阅相关书籍和资料，了解不同类型的离心泵。

2. 通过查找资料，现场观察离心泵的外观结构，学习离心泵的构成。

3. 通过现场观察老师对离心泵的拆卸，学习离心泵的内部结构。

二、任务实施

1. 通过查阅资料完成下表

常用离心泵名称	型号	工业用途

2. 观察 IS 型单级单吸离心泵的外观结构完成下表

离心泵外部构件名称	功能

液体出口　泵　电机
液体进口

3. 观察离心泵铭牌完成下表

清水离心式水泵
型号　IS50-32-200A　转速　2900 转/分
扬程　38 米　　　效率　62%
流量　11 米³/小时　功率　4 千瓦
允许吸上真空高度 7.2 米
出厂编号：　出厂日期　年　月
××水泵厂

型号	
转速	
扬程	
流量	
功率	
厂家	

4. 观察 IS 型单级单吸离心泵的拆装，完成下列表格

叶轮口环　叶轮背板间隙
叶轮背帽　泵体　止推轴承
　　　　　轴　　轴承压盖
入口
叶轮　机械密封

离心泵主要构件名称	功能

任务评价与总结

一、任务过程评价

任务过程评价表

任务名称		认识离心泵			评价		
序号	工作步骤	工作要点及技术要求	配分	评价标准	评价结论(合格、基本合格、不合格)严重错误要具体指出!		评分
1	准备工作	穿戴劳保用品					
		工具、材料、记录准备					
2	离心泵外观认识(本表配电机)	外形描述					
		认识铭牌所包含的内容					
		认识壳体、泵进出口、泵轴、轴封装置、接线装置、固定基座等					
3	离心泵拆卸并认识部件	拆卸工具、场地选择、准备					
		拆卸电机					
		泵侧联轴器					
		拆卸泵壳(先拆开放液管堵和悬架体上的放油管堵)					
		拆卸叶轮、轴套					
		分离支架与泵盖拆卸动封					
		拆卸机封					
		拆卸两侧轴承压盖					
		泵轴拆除					
		检查零部件					
4	离心泵装配	检查准备工作					
		顺序与拆卸方向相反					
5	使用工具、量具、器具	使用工具、量具、器具	正确选择、规范安全使用工具、量具、器具				
		维护工具、量具、器具	安全、文明使用各种工具、摆放整齐、用完整理归位				
6	安全及其他	遵守国家法规或企业相关安全规范	安全使用水、电、气、高空作业不伤人、不伤己等安全防范意识、行为				
		记录、处理工作任务数据,描述工作任务	能规范记录、处理工作任务数据,能用语言、文字规范描述工作任务				
		是否在规定时间内完成	按时完成工作任务				
合计			100				

注:任务过程评价表中,工作要点及技术要求可根据实际教学过程进行调整;配分项中每一小项的具体配分根据该项在任务实施过程中的重要程度、任务目标等的不同,自行配分;评价标准项不设统一标准,根据任务实施过程中的需要,综合考虑各方面因素而形成。

任课老师:　　　　　年　月　日

二、总结与反思

1. 试结合自身任务完成的情况,通过交流讨论等方式学习较全面规范地填写本次任务的工作总结。

2. 其他意见和建议：

任务 2　认识化工管路

姓名		班级		建议学时	
所在组		岗位		成绩	

 任务目标

1. 掌握进入实训室的相关要求；
2. 学会规范穿戴劳保用品和常用工具的使用；
3. 能按照企业 6S 管理，施行人员、设备和资料的规范管理；
4. 能阅读工作任务单，明确工时、工作任务等信息，能规范记录、处理工作任务数据，能用语言、文字规范描述工作任务；
5. 团队协作等能力；
6. 了解化工管路的组成，学会常见管件、阀件及控制仪表的使用；
7. 掌握简单管路与复杂管路相关特点；
8. 学会化工管路中离心泵和往复泵的组合安装。

 课前准备

一、学习本实训室规章制度，在下表中列出你认为的重点并做出承诺

我承诺：实训期间绝不违反实训室规章制度

承诺人：

二、安全规范及劳保用品

1. 规范穿好工作服（根据岗位需要列出并明确穿戴规范）。
2. 正确佩戴安全帽。
3. 正确佩戴防护口罩（如果需要请列出并明确佩戴规范）。
4. 正确佩戴护目镜及耳塞（如果需要请列出并明确佩戴规范）。
5. 其他劳保用品（如果需要请列出并明确佩戴规范）。

6. 安全注意事项（根据岗位需要明确相应规范）。

三、写出常见工具、量具、器具名称和使用规范

图片	名称	规范使用方法

任务描述

一、任务描述

学生在接受老师指定的工作任务后，了解工作场地的环境、设备管理要求，穿着符合劳保要求的服装。在老师的指导下，掌握化工管路的构成。工作完成后按照 6S 现场管理规范清理场地、归置物品、资料归档，并按照环保规定处置废弃物。

二、具体任务

1. 化工管路由哪些部分构成，分别是什么？

2. 认识简单与复杂管路。

3. 在化工管路中，不同种类泵是如何组合安装的（包括离心泵、往复泵及其他泵）？

任务分析与实施

一、任务分析

在学习化工管路前，建议学员按照以下步骤完成相关任务。

1. 查阅相关书籍和资料，了解化工管路的构成。

2. 通过查找资料，现场观察化工管路，学习化工管路中的管件、阀件及控制仪表。

3. 通过现场实操，学习简单和复杂管路。

4. 通过泵的实际安装，学习泵在化工管路中是如何组装的。

二、任务实施

1. 通过查阅资料完成下列表

常用管件名称	型号	特征及用途

常用阀件名称	型号	特征及用途

常用化工仪表名称	型号	特征及用途

2. 通过现场观察化工管路完成下表

管路类型		结构特点	化工生产中的应用
简单管路			
复杂管路			

3. 写出泵在管路中的安装组合步骤

步骤	主要内容
步骤1	
步骤2	
步骤3	
步骤4	

4. 离心泵的安装高度应该如何确定？

....

....

....

5. 往复泵安装应该注意哪些问题？

....

....

....

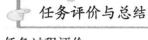

任务评价与总结

一、任务过程评价

任务过程评价表

任务名称		认识化工管路			评价		
序号	工作步骤	工作要点及技术要求		配分	评价标准	评价结论（合格、基本合格、不合格）严重错误要具体指出！	评分
1	准备工作	穿戴劳保用品					
		工具、材料、记录准备					
2	化工管路的构成	管件	管件的作用				
			管材及其特点：包括钢管、有色金属管和非金属管				
			各种接头				
		阀件	阀件的作用				
			常见阀件：旋塞、球心阀、闸阀、蝶阀等				
		控制仪表	包括温度、压力、流量等仪表在管路中的作用				
3	认识简单与复杂管路	简单管路	单一管路				
			串联管路				
		复杂管路	分支管路				
			并联管路				

续表

任务名称		认识化工管路			评价		
序号	工作步骤	工作要点及技术要求	配分	评价标准	评价结论(合格、基本合格、不合格)严重错误要具体指出!		评分
4	泵的组合	离心泵在化工管路中的安装组合					
		往复泵在化工管路中的安装组合					
		其他泵的安装与组合					
5	使用工具、量具、器具	使用工具、量具、器具	正确选择、规范安全使用工具、量具、器具				
		维护工具、量具、器具	安全、文明使用各种工具、摆放整齐、用完整理归位				
6	安全及其他	遵守国家法规或企业相关安全规范	安全使用水、电、气,高空作业不伤人、不伤己等安全防范意识、行为				
		是否在规定时间内完成	按时完成工作任务				
合计							

注:任务过程评价表中,工作要点及技术要求可根据实际教学过程进行调整;配分项中每一小项的具体配分根据该项在任务实施过程中的重要程度、任务目标等的不同,自行配分;评价标准项不设统一标准,根据任务实施过程中的需要,综合考虑各方面因素而形成。

任课老师: 年 月 日

二、总结与反思

1.试结合自身任务完成的情况,通过交流讨论等方式学习较全面规范地填写本次任务的工作总结。

2.其他意见和建议:

任务3 离心泵单元操作仿真训练

姓名		班级		建议学时	
所在组		岗位		成绩	

任务目标

1. 掌握进入实训室的相关要求;

2. 学会规范穿戴劳保用品和常用工具的使用;

3. 能按照企业6S管理,施行人员、设备和资料的规范管理;

4. 能阅读工作任务单,明确工时、工作任务等信息,能规范记录、处理工作任务数据,能用语言、文字规范描述工作任务;

5. 团队协作等能力;

6. 了解DCS仿真系统和常见DCS专业术语;

7. 掌握离心泵的仿真操作(包括开车、停车和事故处理)。

课前准备

一、学习本实训室规章制度，在下表中列出你认为的重点并做出承诺

....

....

....

我承诺：实训期间绝不违反实训室规章制度

承诺人：

二、安全规范及劳保用品

    1. 规范穿好工作服（根据岗位需要列出并明确穿戴规范）。

    2. 正确佩戴安全帽。

    3. 正确佩戴防护口罩（如果需要请列出并明确佩戴规范）。

    4. 正确佩戴护目镜及耳塞（如果需要请列出并明确佩戴规范）。

    5. 其他劳保用品（如果需要请列出并明确佩戴规范）。

    6. 安全注意事项（根据岗位需要明确相应规范）。

三、写出常见工具、量具、器具名称和使用规范

图片	名称	规范使用方法

任务描述

一、任务描述

    学生在接受老师指定的工作任务后，了解工作场地的环境、设备管理要求，穿着符合劳保要求的服装，在老师的指导下，掌握离心泵的仿真操作，工作完成后按照 6S 现场管理规范清理场地、归置物品、资料归档，并按照环保规定处置废弃物。

二、具体任务

    1. 学习 DCS 仿真系统和常见 DCS 专业术语。

    2. 学习离心泵开车的仿真操作训练。

    3. 学习离心泵停车的仿真操作训练。

    4. 学习离心泵各种事故的判断和处理。

任务分析与实施

一、任务分析

    在学习离心泵单元仿真操作之前，学员必须先复习离心泵的相关知识，建议按照以下步骤完成相关任务。

    1. 查阅相关书籍和资料，了解 DCS 操作系统。

2. 通过查找资料和仿真室的学习，掌握 DCS 操作系统。

3. 通过仿真训练，学习离心泵开车、停车和事故处理的仿真操作。

二、任务实施

1. 通过 DCS 操作系统的学习完成下表

图标	名称	作用

2. 通过离心泵仿真界面（图 1-2）的学习完成下表

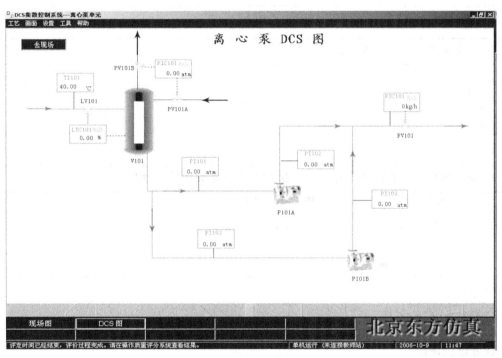

图 1-2 离心泵 DCS 图

设备位号	设备名称	设备用途

阀门位号	阀门名称	阀门位号	阀门名称

续表

阀门位号	阀门名称	阀门位号	阀门名称

3. 写出离心泵开车主要的步骤

步骤	主要内容
步骤1	
步骤2	
步骤3	

4. 写出离心泵停车的主要步骤

步骤	主要内容
步骤1	
步骤2	
步骤3	

5. 离心泵仿真操作过程中你发现了哪些事故？是如何及时处理的？

事故	主要内容	处理方法
事故1		
事故2		
事故3		

任务评价与总结

一、任务过程评价

任务过程评价表

任务名称		离心泵单元操作仿真训练			评价		
序号	工作步骤	工作要点及技术要求		配分	评价标准	评价结论（合格、基本合格、不合格）严重错误要具体指出！	评分
1	准备工作	穿戴劳保用品					
		工具、材料、记录准备					
2	DCS（化工总控）知识准备	认识 DCS 操作系统					
		学习常见 DCS 专业术语					
3	DCS 操作	离心泵仿真操作训练	开车				
			停车				
			正常运行与维护				
			简单事故处理				

续表

任务名称		离心泵单元操作仿真训练			评价		
序号	工作步骤	工作要点及技术要求		配分	评价标准	评价结论(合格、基本合格、不合格)严重错误要具体指出！	评分
4	使用工具、量具、器具	使用工具、量具、器具,维护工具、量具、器具	正确选择、规范安全使用工具、量具、器具,安全、文明使用各种工具、摆放整齐、用完整理归位				
5	安全及其他	遵守国家法规或企业相关安全规范	安全使用水、电、气,高空作业不伤人,不伤己等安全防范意识、行为				
		是否在规定时间内完成	按时完成工作任务				
		合计					

注：任务过程评价表中，工作要点及技术要求可根据实际教学过程进行调整；配分项中每一小项的具体配分根据该项在任务实施过程中的重要程度、任务目标等的不同，自行配分；评价标准项不设统一标准，根据任务实施过程中的需要，综合考虑各方面因素而形成。

任课老师：　　　年　月　日

二、总结与反思

1. 试结合自身任务完成的情况，通过交流讨论等方式学习较全面规范地填写本次任务的工作总结。

2. 其他意见和建议：

任务 4　离心泵操作实训

姓名		班级		建议学时	
所在组		岗位		成绩	

任务目标

1. 掌握进入实训室的相关要求；

2. 学会规范穿戴劳保用品和常用工具的使用；

3. 能按照企业 6S 管理，施行人员、设备和资料的规范管理；

4. 能阅读工作任务单，明确工时、工作任务等信息；能规范记录、处理工作任务数据，能用语言、文字规范描述工作任务；

5. 团队协作等能力；

6. 认识离心泵输送（装置）系统；

7. 掌握离心泵的规范操作（开车和停车）；

8. 能够辨别离心泵常见故障，并进行处理。

课前准备

一、学习本实训室规章制度，在下表中列出你认为的重点并做出承诺

我承诺：实训期间绝不违反实训室规章制度

承诺人：

二、安全规范及劳保用品

 1. 规范穿好工作服（根据岗位需要列出并明确穿戴规范）。

 2. 正确佩戴安全帽。

 3. 正确佩戴防护口罩（如果需要请列出并明确佩戴规范）。

 4. 正确佩戴护目镜及耳塞（如果需要请列出并明确佩戴规范）。

 5. 其他劳保用品（如果需要请列出并明确佩戴规范）。

 6. 安全注意事项（根据岗位需要明确相应规范）。

三、写出常见工具、量具、器具名称和使用规范

图片	名称	规范使用方法

任务描述

一、任务描述

 学生在接受老师指定的工作任务后，了解工作场地的环境、设备管理要求，穿着符合劳保要求的服装，在老师的指导下，掌握离心泵的操作，工作完成后按照 6S 现场管理规范清理场地、归置物品、资料归档，并按照环保规定处置废弃物。

二、具体任务

 1. 学习离心泵输送（装置）系统。

 2. 学会规范操作离心泵（开车和停车）。

 3. 学会辨别离心泵常见故障，并进行处理。

 4. 学习离心泵串联和并联。

任务分析与实施

一、任务分析

 在操作离心泵前，学员必须了解离心泵的特性，建议按照以下步骤完成相关任务。

 1. 查阅相关书籍和资料，了解不同类型的离心泵。

 2. 通过现场操作，学会离心泵的开车和停车。

3. 通过现场操作，学会辨别离心泵常见故障，并进行处理。

4. 查阅相关书籍资料并结合现场操作，学习离心泵串联和并联。

二、任务实施

1. 观察图 1-3 完成下列任务

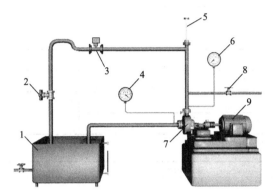

图 1-3 离心泵操作技能训练装置

（1）观察图 1-3，完成下表

编号	名称	作用
1		
2		
3		
4		
5		
6		
7		
8		
9		

（2）根据图 1-3，画出离心泵操作技能训练装置的简单流程图

2. 写出离心泵开车的主要步骤

步骤	主要内容	注意事项
步骤 1		
步骤 2		
步骤 3		

3. 写出离心泵停车的主要步骤

步骤	主要内容	注意事项
步骤 1		
步骤 2		
步骤 3		

4. 将下列两组离心泵分别进行串联和并联

离心泵串联	离心泵并联

5. 写出离心泵在运行过程中可能会遇到的故障，并写出解决方案

编号	故障	解决方案
1		
2		
3		

任务评价与总结

一、任务过程评价

任务过程评价表

任务名称		离心泵操作实训				评价	
序号	工作步骤	工作要点及技术要求		配分	评价标准	评价结论(合格、基本合格、不合格)严重错误要具体指出!	评分
1	准备工作	穿戴劳保用品					
		工具、材料、记录准备					
2	试车	试车前检查	(1)检查离心泵外观是否符合要求,检修记录是否齐全、准确				
			(2)电机试运转:瞬时启动电机,检查转动方向是否正确				
			(3)二次启动电机,检查电流、电压是否符合铭牌上的规定值				
			(4)泵的各运动及静止部件的紧固及防松情况				
			(5)轴封渗漏是否符合要求				
			(6)盘车是否无轻重不均的感觉,填料压盖不歪斜				
			(7)检查各部分出入口的测试仪表是否安置妥当				
		试车	启动:确定是否需要灌泵、按规范打开或关闭相关阀门,至泵启动				
			运行时泵壳是否发热,有无杂音、摆动、剧烈振动或泄漏、外壳温度高等不良情况并及时消除				
		试车结束	停车:按规范要求停车				

续表

任务名称		离心泵操作实训				评价	
序号		工作步骤	工作要点及技术要求	配分	评价标准	评价结论(合格、基本合格、不合格) 严重错误要具体指出!	评分
3	正常开车	开车前准备	启动前检查:盘车检查、轴承和填料函检查、轴承和填料函检查、仪表检查、外部条件、安全防护检查				
		开车	按规范启动离心泵,逐渐调整阀门开度至设定流量或扬程,进入正常运行(流量或扬程稳定)状态				
4	正常运行	记录相关数据	流量				
			离心泵进出口压力				
			轴功率				
			转速				
		维持正常运行	当泵正常运转后,检查泵的出口压力、出口流量、电机电流、轴承和密封处的温度、润滑油的油位、泵的振动、噪声以及密封处泄漏情况;(根据工艺需要)关闭最小流量旁路的阀门。做好相关设备运行记录				
5	正常停车		(1)初始状态:泵入口阀全开,泵出口阀开度满足工艺需要,泵在运转				
			(2)停泵: ①先关压力表,再关闭出口阀 ② 按电机停车按钮,停电动机,确认泵不反转 ③ 关闭吸入阀、(如有)关闭冷却水、机械密封冲洗水				
6	异常停车	在泵运行过程中若出现异常泄漏、振动异常、泵内有异常响声、火花、现场电流持续超高、压力不稳定、泵输不出物料等现象时	(1)备用泵应作好一切启动准备工作				
			(2)切断原运转泵的电源,停泵,启动备用泵				
			(3)打开备用泵的排出阀,使出口流量、压力达到规定值				
			(4)关闭原运转泵的排出阀和吸入阀,对事故进行处理				
7	使用工具、量具、器具	使用工具、量具、器具	正确选择、规范安全使用工具、量具、器具				
		维护工具、量具、器具	安全、文明使用各种工具、摆放整齐、用完整理归位				

续表

任务名称		离心泵操作实训			评价		
序号		工作步骤	工作要点及技术要求	配分	评价标准	评价结论(合格、基本合格、不合格)严重错误要具体指出!	评分
8	安全及其他	遵守国家法规或企业相关安全规范	安全使用水、电、气,高空作业不伤人、不伤己等安全防范意识、行为				
		是否在规定时间内完成	按时完成工作任务				
		合计					

注：任务过程评价表中，工作要点及技术要求可根据实际教学过程进行调整；配分项中每一小项的具体配分根据该项在任务实施过程中的重要程度、任务目标等的不同，自行配分；评价标准项不设统一标准，根据任务实施过程中的需要，综合考虑各方面因素而形成。

任课老师： 年 月 日

二、总结与反思

1. 试结合自身任务完成的情况，通过交流讨论等方式学习较全面规范地填写本次任务的工作总结。

2. 其他意见和建议：

项目 1.2 操作往复泵

任务 1 认识往复泵

姓名		班级		建议学时	
所在组		岗位		成绩	

任务目标

1. 掌握进入实训室的相关要求；
2. 学会规范穿戴劳保用品和常用工具的使用；
3. 能按照企业 6S 管理，施行人员、设备和资料的规范管理；
4. 能阅读工作任务单，明确工时、工作任务等信息，能规范记录、处理工作任务数据，能用语言、文字规范描述工作任务；
5. 团队协作等能力；
6. 学会往复泵的分类及其用途；
7. 掌握往复泵的外部构造及功能；
8. 掌握往复泵的内部构造及功能。

课前准备

一、学习本实训室规章制度，在下表中列出你认为的重点并做出承诺

....

....

....

我承诺：实训期间绝不违反实训室规章制度

承诺人：

二、安全规范及劳保用品

　　1. 规范穿好工作服（根据岗位需要列出并明确穿戴规范）。

　　2. 正确佩戴安全帽。

　　3. 正确佩戴防护口罩（如果需要请列出并明确佩戴规范）。

　　4. 正确佩戴护目镜及耳塞（如果需要请列出并明确佩戴规范）。

　　5. 其他劳保用品（如果需要请列出并明确佩戴规范）。

　　6. 安全注意事项（根据岗位需要明确相应规范）。

三、写出常见工具、量具、器具名称和使用规范

图片	名称	规范使用方法

任务描述

一、任务描述

　　学生在接受老师指定的工作任务后，了解工作场地的环境、设备管理要求，穿着符合劳保要求的服装，在老师的指导下，掌握往复泵的内部和外部结构及功能，工作完成后按照6S现场管理规范清理场地、归置物品、资料归档，并按照环保规定处置废弃物。

二、具体任务

　　1. 观察往复泵的外观结构，它由哪些部分组成的？分别有什么作用？

　　2. 认识往复泵铭牌。

　　3. 观察往复泵的内部结构，主要包括哪些零部件？分别起到什么作用？

任务分析与实施

一、任务分析

　　在学习往复泵前，学员必须了解往复泵的类型及用途，建议按照以下步骤完成相关任务。

　　1. 查阅相关书籍和资料，了解不同类型的往复泵。

　　2. 通过查找资料，现场观察往复泵的外观结构，学习往复泵的构成。

3.通过现场观察老师拆卸往复泵，学习往复泵的内部结构。

二、任务实施

1.观察往复泵的外观结构完成下表

1—电动机；2—泵底座；3—传动部分；4—动力部分；
5—液力部分；6—蓄能器

往复泵外部构件名称	功能

2.观察往复泵的结构图，完成下表

往复泵主要构件名称	功能
1	
2	
3	
4	
5	

任务评价与总结

一、任务过程评价

任务过程评价表

任务名称		认识往复泵			评价	
序号	工作步骤	工作要点及技术要求	配分	评价标准	评价结论（合格、基本合格、不合格）严重错误要具体指出！	评分
1	准备工作	穿戴劳保用品				
		工具、材料、记录准备				
2	往复泵外观和结构认识	外形描述				
		认识铭牌所包含的内容				
		动力端构成：曲轴、机体、连杆、十字头；液力端：泵头体、活塞（柱塞）、进液阀、排液阀、填料体、阀体				

续表

任务名称	认识往复泵				评价	
序号	工作步骤	工作要点及技术要求		配分	评价标准	评价结论(合格、基本合格、不合格)严重错误要具体指出！	评分
3	往复泵的工作过程	往复泵的工作原理					
		往复泵主要性能					
		流体压缩与输送					
4	使用工具、量具、器具	使用工具、量具、器具	正确选择、规范安全使用工具、量具、器具				
		维护工具、量具、器具	安全、文明使用各种工具、摆放整齐、用完整理归位				
5	安全及其他	遵守国家法规或企业相关安全规范	安全使用水、电、气，高空作业不伤人、不伤己等安全防范意识、行为				
		是否在规定时间内完成	按时完成工作任务				
		合计					

　　注：任务过程评价表中，工作要点及技术要求可根据实际教学过程进行调整；配分项中每一小项的具体配分根据该项在任务实施过程中的重要程度、任务目标等的不同，自行配分；评价标准项不设统一标准，根据任务实施过程中的需要，综合考虑各方面因素而形成。

任课老师：　　　年　月　日

二、总结与反思

　　1. 试结合自身任务完成的情况，通过交流讨论等方式学习较全面规范地填写本次任务的工作总结。

....

....

....

　　2. 其他意见和建议：

....

....

....

任务 2　往复泵操作实训

姓名		班级		建议学时	
所在组		岗位		成绩	

任务目标

1. 掌握进入实训室的相关要求；
2. 学会规范穿戴劳保用品和常用工具的使用；
3. 能按照企业 6S 管理，施行人员、设备和资料的规范管理；
4. 能阅读工作任务单，明确工时、工作任务等信息；能规范记录、处理工作任务数据，能用语言、文字规范描述工作任务；
5. 团队协作等能力；
6. 认识往复泵输送（装置）系统；
7. 掌握往复泵的规范操作（开车和停车）；
8. 能够辨别往复泵常见故障，并进行处理。

课前准备

一、学习本实训室规章制度，在下表中列出你认为的重点并做出承诺

....

....

....

我承诺：实训期间绝不违反实训室规章制度

承诺人：

二、安全规范及劳保用品

1. 规范穿好工作服（根据岗位需要列出并明确穿戴规范）。
2. 正确佩戴安全帽。
3. 正确佩戴防护口罩（如果需要请列出并明确佩戴规范）。
4. 正确佩戴护目镜及耳塞（如果需要请列出并明确佩戴规范）。
5. 其他劳保用品（如果需要请列出并明确佩戴规范）。
6. 安全注意事项（根据岗位需要明确相应规范）。

三、写出常见工具、量具、器具名称和使用规范

图片	名称	规范使用方法

一、任务描述

学生在接受老师指定的工作任务后，了解工作场地的环境、设备管理要求，穿着符合劳保要求的服装，在老师的指导下，掌握往复泵的操作，工作完成后按照 6S 现场管理规范清理场地、归置物品、资料归档，并按照环保规定处置废弃物。

二、具体任务

1. 学习往复泵输送（装置）系统。
2. 学会规范操作往复泵（开车和停车）。
3. 学会辨别往复泵常见故障，并进行处理。

一、任务分析

在操作往复泵前，学员必须了解往复泵的特性，建议按照以下步骤完成相关任务。

1. 查阅相关书籍和资料，了解不同类型的往复泵。
2. 通过现场操作，学会往复泵的开车和停车。
3. 通过现场操作，学会辨别往复泵常见故障，并进行处理。
4. 查阅相关书籍资料并结合现场操作，学习往复泵串联和并联。

二、任务实施

1. 观察图 1-4，完成下列任务

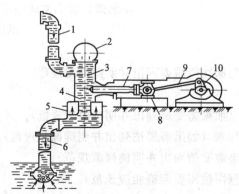

图 1-4　往复泵操作技能训练装置

1—压水管路；2—压水空气室；3—压水阀；4—吸水阀；5—吸水空气室；
6—吸水管路；7—柱塞；8—滑块；9—连杆；10—曲柄

观察图 1-4，完成下表。

编号	名称	作用
1		
2		
3		
4		
5		

2. 写出往复泵开车的主要步骤

步骤	主要内容	注意事项
步骤1		
步骤2		
步骤3		

3. 写出往复泵停车的主要步骤

步骤	主要内容	注意事项
步骤1		
步骤2		
步骤3		

4. 写出往复泵在运行过程中遇到的故障，并提出解决方法

编号	故障	解决方案
1		
2		
3		

任务评价与总结

一、任务过程评价

任务过程评价表

任务名称		往复泵操作实训		评价		
序号	工作步骤	工作要点及技术要求	配分	评价标准	评价结论（合格、基本合格、不合格）严重错误要具体指出！	评分
1	准备工作	穿戴劳保用品				
		工具、材料、记录准备				

任务名称		往复泵操作实训			评价		
序号	工作步骤	工作要点及技术要求	配分	评价标准	评价结论(合格、基本合格、不合格)严重错误要具体指出!		评分
2	试车	(1)检查往复泵外观是否符合要求,检修记录是否齐全、准确					
		(2)电机试运转:瞬时启动电机,检查转动方向是否正确					
		(3)二次启动电机,检查电流,电压是否符合铭牌上的规定值					
		(4)泵的各运动及静止部件的紧固及防松情况					
		(5)轴封渗漏是否符合要求					
		(6)盘车是否无轻重不均的感觉,填料压盖不歪斜					
		(7)检查机座油池内的油位高度					
		(8)检查各部分出入口的测试仪表是否安置妥当					
		(9)检查皮带的松紧度,必要时进行调整					
		(10)用人力盘动皮带轮,使大皮带轮旋转2转以上,运动机构不得有障碍及异声					
		(11)打开进、排液管线上的闸阀,以及排液管线上的旁路阀和泵体上的放气阀,待放气阀溢出全部是液体时,即刻关闭(拧紧)放气阀					
		(12)启动:确认泵无障碍及一切完好的情况下,接通电动机电源开始启动(特别注意,泵必须在空载下启动)					
		(13)视泵达到额定转速时(空载运行),关闭旁路阀,泵方可转入负载运行,直至额定压力后泵即进入工况运行					
		(14)运行时泵壳是否发热,有无杂音、摆动、剧烈振动或泄漏、外壳温度高等不良情况并及时消除					
		(15).打开排液管线中的旁路阀,使其转入空载运转					
		(16).切断电动机电源					
		(17).关闭进、排液管线上的闸阀和旁路阀					
3	正常开车	开车前准备	启动前检查:盘车检查、轴承和填料函检查、仪表检查、外部条件、安全防护检查				
		开车	按规范启动往复泵,逐渐调整阀门开度至设定流量或扬程,进入正常运行(流量或扬程稳定)状态				

续表

任务名称		往复泵操作实训			评价		
序号	工作步骤	工作要点及技术要求		配分	评价标准	评价结论(合格、基本合格、不合格)严重错误要具体指出!	评分
4	正常运行	记录相关数据	流量				
			往复泵进出口压力				
			轴功率				
			转速				
		维持正常运行	当泵正常运转后,检查泵的出口压力、出口流量、电机电流、各部位温度是否正常、润滑油的油位、泵的振动、噪声以及密封处泄漏情况;(根据工艺需要)关闭最小流量旁路的阀门。做好相关设备运行记录				
5	正常停车	(1)初始状态:泵入口阀全开,泵出口阀开度满足工艺需要,泵在运转					
		(2)停泵:①先关压力表,再关闭出口阀 ② 按电机停车按钮,停电动机,确认泵不反转 ③ 关闭吸入阀、(如有)关闭冷却水、机械密封冲洗水					
6	异常停车	泵的运动部分有敲击声;滚动轴承温度过高;润滑油温度过高;泵出口压力表指针摆动急剧;泵体法兰处渗漏;泵的进排液管振动剧烈;进排液阀的阀腔内敲击声不均匀;柱塞密封泄漏严重;柱塞温度过高;泵的动力不足	(1)备用泵应作好一切启动准备工作				
			(2)切断原运转泵的电源,停泵,启动备用泵				
			(3)打开备用泵的排出阀,使出口流量、压力达到规定值				
			(4)关闭原运转泵的排出阀和吸入阀,对事故进行处理				
7	使用工具、量具、器具	使用工具、量具、器具	正确选择、规范安全使用工具、量具、器具				
		维护工具、量具、器具	安全、文明使用各种工具、摆放整齐、用完整理归位				

续表

任务名称		往复泵操作实训			评价		
序号	工作步骤	工作要点及技术要求	配分	评价标准	评价结论(合格、基本合格、不合格)严重错误要具体指出!		评分
8	安全及其他	遵守国家法规或企业相关安全规范	安全使用水、电、气,高空作业不伤人、不伤己等安全防范意识、行为				
		是否在规定时间内完成	按时完成工作任务				
合计							

注：任务过程评价表中，工作要点及技术要求可根据实际教学过程进行调整；配分项中每一小项的具体配分根据该项在任务实施过程中的重要程度、任务目标等的不同，自行配分；评价标准项不设统一标准，根据任务实施过程中的需要，综合考虑各方面因素而形成。

任课老师：　　　　年　月　日

二、总结与反思

1. 试结合自身任务完成的情况，通过交流讨论等方式学习较全面规范地填写本次任务的工作总结。

----

2. 其他意见和建议：

项目 1.3　认识其他流体输送机械

任务　认识其他流体输送机械

姓名		班级		建议学时	
所在组		岗位		成绩	

 任务目标

1. 掌握进入实训室的相关要求；
2. 学会规范穿戴劳保用品和常用工具的使用；
3. 能按照企业 6S 管理，施行人员、设备和资料的规范管理；
4. 能阅读工作任务单，明确工时、工作任务等信息，能规范记录、处理工作任务数据，能用语言、文字规范描述工作任务；
5. 团队协作等能力；
6. 了解旋转泵、旋涡泵和水环真空泵的基本结构、工作原理及特点；
7. 了解旋转泵、旋涡泵和水环真空泵的性能。

课前准备

一、学习本实训室规章制度，在下表中列出你认为的重点并做出承诺

....

....

....

我承诺：实训期间绝不违反实训室规章制度

承诺人：

二、安全规范及劳保用品

　　1. 规范穿好工作服（根据岗位需要列出并明确穿戴规范）。

　　2. 正确佩戴安全帽。

　　3. 正确佩戴防护口罩（如果需要请列出并明确佩戴规范）。

　　4. 正确佩戴护目镜及耳塞（如果需要请列出并明确佩戴规范）。

　　5. 其他劳保用品（如果需要请列出并明确佩戴规范）。

　　6. 安全注意事项（根据岗位需要明确相应规范）。

三、写出常见工具、量具、器具名称和使用规范

图片	名称	规范使用方法

任务描述

一、任务描述

　　学生在接受老师指定的工作任务后，了解工作场地的环境、设备管理要求，穿着符合劳保要求的服装，在老师的指导下，认识旋转泵、旋涡泵和水环真空泵的内部和外部结构及工作原理，工作完成后按照 6S 现场管理规范清理场地、归置物品、资料归档，并按照环保规定处置废弃物。

二、具体任务

　　1. 观察旋转泵、旋涡泵和水环真空泵的外观结构，它是由哪几部分组成的？分别有什么作用？

　　2. 观察旋转泵、旋涡泵和水环真空泵的内部结构，主要包括哪些零部件？分别起到什

么作用？

任务分析与实施

一、任务分析

在学习旋转泵、旋涡泵和水环真空泵前，学员必须了解三种泵的用途，建议按照以下步骤完成相关任务。

1. 查阅相关书籍和资料，了解旋转泵、旋涡泵和水环真空泵。

2. 通过查找资料，现场观察旋转泵、旋涡泵和水环真空泵的外观结构，学习其构成。

3. 通过现场观察老师拆卸三种类型的泵，学习其内部结构。

二、任务实施

1. 齿轮泵

（1）观察齿轮泵的外观结构，完成下表。

齿轮泵外部构件名称	功能

（2）观察齿轮泵的结构图，完成下表。

齿轮泵主要构件名称	功能

（3）用自己的语言描述齿轮泵是如何工作的？

2. 旋涡泵。

（1）观察旋涡泵的外观结构，完成下表。

1—泵体;2—叶轮;3—密封圈;4—隔板;5—内磁钢总成;6—外磁钢总成;7—连接架
8—电机;9—轴承;10—轴承压盖;11—泵轴;12—隔离套;13—动环;14—静环

旋涡泵外部构件名称	功能

（2）观察旋涡泵的结构图，完成下表。

旋涡泵主要构件名称	功能

（3）用自己的语言描述旋涡泵是如何工作的。

3. 水环泵

（1）观察水环泵的外观结构，完成下表。

水环泵外部构件名称	功能

（2）观察水环泵的结构图，完成下表。

	水环泵主要构件名称	功能

1—轴承端盖；2—吸气口；3—端盖；4—前吸排气圆盘；5—叶轮；
6—轴；7—泵体；8—后吸排气圆盘；9—端盖；10—排气口；

（3）用自己的语言描述水环泵是如何工作的。

4. 化工生产中还用到了哪些泵？（至少写出两种泵：包括它的结构和工作原理）

任务评价与总结

一、任务过程评价

任务过程评价表

任务名称		认识其他流体输送机械		评价		
序号	工作步骤	工作要点及技术要求	配分	评价标准	评价结论（合格、基本合格、不合格）严重错误要具体指出！	评分
1	准备工作	穿戴劳保用品				
		工具、材料、记录准备				
2	认识旋转泵	旋转泵结构				
		旋转泵的特点				
		旋转泵工作过程				

续表

任务名称		认识其他流体输送机械		评价		
序号	工作步骤	工作要点及技术要求	配分	评价标准	评价结论（合格、基本合格、不合格）严重错误要具体指出！	评分
3	认识旋涡泵	旋涡泵结构				
		旋涡泵的特点				
		旋涡泵工作过程				
4	认识水环真空泵	水环泵结构				
		水环泵的特点				
		水环泵工作过程				
5	其他常见的化工用泵	磁力泵				
		往复式压缩机				
6	使用工具、量具、器具	使用工具、量具、器具 / 正确选择、规范安全使用工具、量具、器具				
		维护工具、量具、器具 / 安全、文明使用各种工具、摆放整齐、用完整理归位				
7	安全及其他	遵守国家法规或企业相关安全规范 / 安全使用水、电、气,高空作业不伤人、不伤己等安全防范意识、行为				
		是否在规定时间内完成 / 按时完成工作任务				
合计						

注：任务过程评价表中，工作要点及技术要求可根据实际教学过程进行调整；配分项中每一小项的具体配分根据该项在任务实施过程中的重要程度、任务目标等的不同，自行配分；评价标准项不设统一标准，根据任务实施过程中的需要，综合考虑各方面因素而形成。

任课老师：　　　　　年 月 日

二、总结与反思

1. 试结合自身任务完成的情况，通过交流讨论等方式学习较全面规范地填写本次任务的工作总结。

....
....
....

2. 其他意见和建议：

....
....
....

综合实训　拆装简单化工管路

姓名		班级		建议学时	
所在组		岗位		成绩	

任务目标

1. 掌握进入实训室的相关要求；
2. 学会规范穿戴劳保用品和常用工具的使用；
3. 能按照企业 6S 管理，施行人员、设备和资料的规范管理；
4. 能阅读工作任务单，明确工时、工作任务等信息，能规范记录、处理工作任务数据，能用语言、文字规范描述工作任务；
5. 团队协作等能力；
6. 学会识读简单化工管路工艺流程图；
7. 掌握化工管路的拆装规范；
8. 能拆装简单化工管路。

课前准备

一、学习本实训室规章制度，在下表中列出你认为的重点并做出承诺。

....

....

....

我承诺：实训期间绝不违反实训室规章制度

承诺人：

二、安全规范及劳保用品

1. 规范穿好工作服（根据岗位需要列出并明确穿戴规范）。
2. 正确佩戴安全帽。
3. 正确佩戴防护口罩（如果需要请列出并明确佩戴规范）。
4. 正确佩戴护目镜及耳塞（如果需要请列出并明确佩戴规范）。
5. 其他劳保用品（如果需要请列出并明确佩戴规范）。
6. 安全注意事项（根据岗位需要明确相应规范）。

三、写出常见工具、量具、器具名称和使用规范

图片	名称	规范使用方法

任务描述

一、任务描述

　　学生在接受老师指定的工作任务后，了解工作场地的环境、设备管理要求，穿着符合劳保要求的服装，在老师的指导下，掌握化工管的拆装，工作完成后按照 6S 现场管理规范清理场地、归置物品、资料归档，并按照环保规定处置废弃物。

二、具体任务

1. 学会识读简单化工管路工艺流程图。
2. 学会简单化工管路工艺流程图的绘制。
3. 学习化工管路的拆装规范。
4. 学会化工管路的规范拆装。

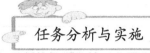
任务分析与实施

一、任务分析

在学习化工管路拆装前，建议学员按照以下步骤完成相关任务。

1. 查阅相关书籍和资料，了解化工管路的拆装。
2. 通过查找资料，学习化工管路的拆卸规范。
3. 通过现场实操，学习化工管路中的管件、阀件及控制仪表的拆装。

二、任务实施

1. 找出图 1-5 中的设备、管件、阀件及控制仪表，然后完成下表。

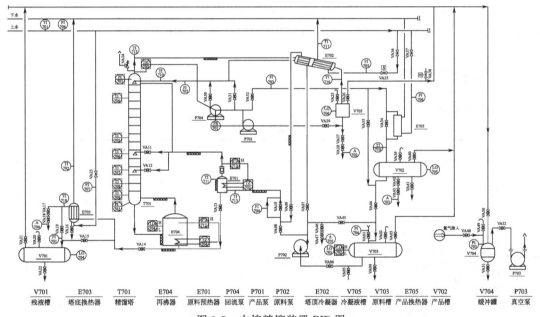

图 1-5　中控精馏装置 PID 图

类型	设备	管件	阀件	控制仪表
数量(个)				

2. 根据图 1-5 画出其流程框图。

3. 写出简单化工管路拆装的步骤。

步骤	主要内容
步骤 1	
步骤 2	
步骤 3	

续表

步骤	主要内容

4. 化工管道的拆装过程中，还应该注意哪些问题？写出解决方法。

编号	问题	解决方法
1		
2		
3		

任务评价与总结

一、任务过程评价

任务过程评价表

任务名称		拆装简单化工管路			评价	
序号	工作步骤	工作要点及技术要求	配分	评价标准	评价结论(合格、基本合格、不合格)严重错误要具体指出！	评分
1	准备工作	穿戴劳保用品				
		工具、材料、记录准备				
2	识读化工管路工艺流程图	认识工艺流程图及种类（PFD 和 P&ID）				
		认识工艺流程图的各种规范				
		绘制简单管路的流程图				
3	化工管路拆装规范	化工管路布置的基本原则				
		化工管路组装方式				
		化工管路拆装规范				
4	拆装简单化工管路	现场(测绘并)画出安装配管图				
		备料：根据装配图，列出备料清单(含安装工具)				
		管路安装：根据装配图，按规范安装管路				
		试漏：对安装好的管路进行试漏				
		安全文明生产				

续表

任务名称		拆装简单化工管路				评价	
序号	工作步骤	工作要点及技术要求		配分	评价标准	评价结论(合格、基本合格、不合格)严重错误要具体指出!	评分
5	使用工具、量具、器具	使用工具、量具、器具	正确选择、规范安全使用工具、量具、器具				
		维护工具、量具、器具	安全、文明使用各种工具、摆放整齐、用完整理归位				
6	安全及其他	遵守国家法规或企业相关安全规范	安全使用水、电、气,高空作业不伤人、不伤己等安全防范意识、行为				
		是否在规定时间内完成	按时完成工作任务				
合计							

注:任务过程评价表中,工作要点及技术要求可根据实际教学过程进行调整;配分项中每一小项的具体配分根据该项在任务实施过程中的重要程度、任务目标等的不同,自行配分;评价标准项不设统一标准,根据任务实施过程中的需要,综合考虑各方面因素而形成。

任课老师: 　　 年 月 日

二、总结与反思

1. 试结合自身任务完成的情况,通过交流讨论等方式学习较全面规范地填写本次任务的工作总结。

....

....

....

2. 其他意见和建议:

....

....

....

项目 2
操作典型过滤装置

项目2.1 操作板框压滤机

任务1 认识板框压滤机

姓名		班级		建议学时	
所在组		岗位		成绩	

任务目标

1. 掌握进入实训室的相关要求；
2. 学会规范穿戴劳保用品和常用工具的使用；
3. 能按照企业6S管理，施行人员、设备和资料的规范管理；
4. 能阅读工作任务单，明确工时、工作任务等信息，能规范记录、处理工作任务数据，能用语言、文字规范描述工作任务；
5. 团队协作等能力；
6. 掌握板框压滤机的结构及特点；
7. 掌握板框压滤机的工作过程。

课前准备

一、学习本实训室规章制度，在下表中列出你认为的重点并做出承诺

我承诺：实训期间绝不违反实训室规章制度

承诺人：

二、安全规范及劳保用品

1. 规范穿好工作服（根据岗位需要列出并明确穿戴规范）。
2. 正确佩戴安全帽。
3. 正确佩戴防护口罩（如果需要请列出并明确佩戴规范）。
4. 正确佩戴护目镜及耳塞（如果需要请列出并明确佩戴规范）。
5. 其他劳保用品（如果需要请列出并明确佩戴规范）。
6. 安全注意事项（根据岗位需要明确相应规范）。

三、写出常见工具、量具、器具名称和使用规范

图片	名称	规范使用方法

续表

图片	名称	规范使用方法

一、任务描述

　　学生在接受老师指定的工作任务后，了解工作场地的环境、设备管理要求，穿着符合劳保要求的服装，在老师的指导下，掌握板框压滤机的结构及工作过程，工作完成后按照 6S 现场管理规范清理场地、归置物品、资料归档，并按照环保规定处置废弃物。

二、具体任务

　　1. 观察板框压滤机的结构，它是由哪几部分组成的？分别有什么作用？

　　2. 说出板框压滤机的工作过程。

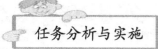

一、任务分析

　　1. 通过查找资料，现场观察板框压滤机的结构，学习板框压滤机的构成。

　　2. 通过查找资料，现场观察，掌握板框压滤机的工作过程。

二、任务实施

　　1. 观察板框压滤机的结构，完成下表

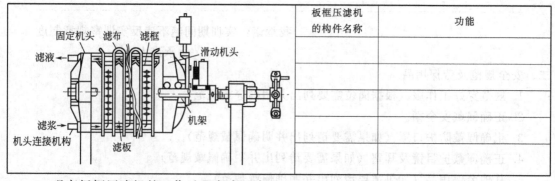

板框压滤机的构件名称	功能

　　2. 观察板框压滤机的工作过程完成下表

板框压滤机工作过程	过程描述
1. 过滤阶段	
2. 洗涤阶段	

任务评价与总结

一、任务过程评价

任务过程评价表

任务名称		认识板框压滤机	任务时间	评价		
序号	工作步骤	工作要点及技术要求	学时	评价标准	评价结论(合格、基本合格、不合格)严重错误要具体指出！	评分
1	准备工作	穿戴劳保用品				
		工具、材料、记录准备				
2	板框压滤机外观认识(本表配电机)	外形描述				
		认识铭牌所包含的内容				
		认识机架、滑动机头、滤框、滤板、固定机头、滤液出口、滤浆进口、滤布等				
3	板框压滤机工作过程	(1)板框压滤机的过滤阶段				
		(2)板框压滤机的洗涤阶段				
4	使用工具、量具、器具	使用工具、量具、器具	正确选择、规范安全使用工具、量具、器具			
		维护工具、量具、器具	安全、文明使用各种工具、摆放整齐、用完整理归位			
5	安全及其他	遵守国家法规或企业相关安全规范	安全使用水、电、气,高空作业不伤人、不伤己等安全防范意识、行为			
		是否在规定时间内完成	按时完成工作任务			
合计						

注：任务过程评价表中，工作要点及技术要求可根据实际教学过程进行调整；配分项中每一小项的具体配分根据该项在任务实施过程中的重要程度、任务目标等的不同，自行配分；评价标准项不设统一标准，根据任务实施过程中的需要，综合考虑各方面因素而形成。

任课老师：　　　　年　月　日

二、总结与反思

1. 试结合自身任务完成的情况，通过交流讨论等方式学习较全面规范地填写本次任务的工作总结。

....

....

....

2. 其他意见和建议：

....

....

....

任务 2 板框压滤机操作实训

姓名		班级		建议学时	
所在组		岗位		成绩	

任务目标

1. 掌握进入实训室的相关要求；
2. 学会规范穿戴劳保用品和常用工具的使用；
3. 能按照企业 6S 管理，施行人员、设备和资料的规范管理；
4. 能阅读工作任务单，明确工时、工作任务等信息，能规范记录、处理工作任务数据，能用语言、文字规范描述工作任务；
5. 团队协作等能力；
6. 能说出板框压滤机的安全防护措施；
7. 能安全规范操作板框压滤机；
8. 能对常见的故障进行处理。

课前准备

一、学习本实训室规章制度，在下表中列出你认为的重点并做出承诺

....

....

....

我承诺：实训期间绝不违反实训室规章制度

承诺人：

二、安全规范及劳保用品

1. 规范穿好工作服（根据岗位需要列出并明确穿戴规范）。
2. 正确佩戴安全帽。
3. 正确佩戴防护口罩（如果需要请列出并明确佩戴规范）。
4. 正确佩戴护目镜及耳塞（如果需要请列出并明确佩戴规范）。
5. 其他劳保用品（如果需要请列出并明确佩戴规范）。
6. 安全注意事项（根据岗位需要明确相应规范）。

三、写出常见工具、量具、器具名称和使用规范

图片	名称	规范使用方法

任务描述

一、任务描述

　　学生在接受老师指定的工作任务后，了解工作场地的环境、设备管理要求，穿着符合劳保要求的服装，在老师的指导下，操作板框压滤机，工作完成后按照 6S 现场管理规范清理场地、归置物品、资料归档，并按照环保规定处置废弃物。

二、具体任务

　　1. 说出板框压滤机的安全防护措施。

　　2. 安全规范操作板框压滤机。

　　3. 对常见的故障进行处理。

任务分析与实施

一、任务分析

　　1. 通过查找资料，学会板框压滤机的安全防护措施。

　　2. 通过查找资料，现场观察，安全正确地操作板框压滤机。

　　3. 对常见事故进行处理。

二、任务实施

　　1. 通过查阅资料完成下表

板框压滤机的安全防护措施
1.
2.
3.

　　2. 操作板框压滤机，完成下表

操作板框压滤机	操作步骤
开车前准备	
开车	
正常运行	
停车	

3. 查找资料，完成下表

序号	故障现象	产生原因	排除方式
1	滤板之间跑料	(1)油压不足 (2)滤板密封面夹有杂物 (3)滤布不平整、折叠 (4)低温板用于高温物料,造成滤板变形 (5)进料泵压力或流量超高	(1)参见序号3 (2)清理密封面 (3)整理滤布 (4)更换滤板 (5)重新调整
2	滤液不清	(1)滤板破损 (2)滤布选择不当 (3)滤布开孔过大 (4)滤布袋缝合处开线 (5)滤布带缝合处针脚过大	
3	油压不足	(1)溢流阀调整不当或损坏 (2)阀内漏油 (3)油缸密封圈磨损 (4)管路外泄漏 (5)电磁换向阀未到位 (6)柱塞泵损坏 (7)油位不够	
4	保压不灵		(1)检修油路 (2)更换 (3)用煤油清洗或更换 (4)用煤油清洗或更换
5	时间继电器失灵	(1)传动系统被卡 (2)时间继电器失灵 (3)拉板系统电器失灵 (4)拉板电磁阀故障	

任务评价与总结

一、任务过程评价

任务过程评价表

任务名称		板框压滤机操作实训	任务时间		评价		
序号	工作步骤	工作要点及技术要求	学时	评价标准	评价结论(合格、基本合格、不合格)严重错误要具体指出!		评分
1	开车前准备	(1)在滤框两侧先铺好滤布,注意要将滤布上的孔对准滤框角上的进料孔,铺平滤布					
		(2)板框装好后,压紧活动机头上的螺旋					
		(3)将滤浆放入贮浆槽内,开动搅拌器以免滤浆产生沉淀。在滤液排出口准备好滤液接收器					
		(4)检查滤浆进口阀及洗涤水进口阀是否关闭					
		(5)开启空气压缩机,将压缩空气送入贮浆罐,注意压缩空气压力表的读数,待压力达到规定值,可以准备开始过滤					
2	开车	(1)开启过滤压力调节阀,注意观察过滤压力表读数,等待过滤压力达到规定数值后,通过调节来维持过滤压力的稳定					
		(2)开启过滤出口阀,接着全部开启滤浆进口阀,将滤浆送入过滤机,过滤开始					

续表

任务名称		板框压滤机操作实训	任务时间	评价		
序号	工作步骤	工作要点及技术要求	学时	评价标准	评价结论(合格、基本合格、不合格)严重错误要具体指出！	评分
3	正常运行	(1)观察滤液,若滤液为清液时,表明过滤正常。当发现滤液有浑浊或带有滤渣,说明过滤过程中出现问题。应停止过滤,检查滤布及安装情况,滤板、滤框是否变形,有无裂纹,管路有无泄漏等				
		(2)定时读取并记录过滤压力,注意滤板与滤框的接触面是否有滤液泄漏				
		(3)当出口处滤液量变得很小时,说明板框中已充满滤渣,过滤阻力增大使过滤速度减慢,这时可以关闭滤浆进口阀,停止过滤				
		(4)洗涤。开启洗涤水出口阀,再开启洗水进口阀向压滤机内送入洗涤水,在相同压力下洗涤滤渣,直至洗涤符合要求				
4	停车	关闭过滤压力表前的调节阀及洗水进口阀,松开活动机头上的螺旋,将滤板、滤框拉开,卸出滤饼,将滤板和滤框清洗干净,以备下一个循环使用				
5	使用工具、量具、器具	使用工具、量具、器具	正确选择、规范安全使用工具、量具、器具			
		维护工具、量具、器具	安全、文明使用各种工具、量具,摆放整齐、用完整理归位			
6	安全及其他	遵守国家法规或企业相关安全规范	安全使用水、电、气,高空作业不伤人、不伤己等安全防范意识、行为			
		是否在规定时间内完成	按时完成工作任务			
	合计					

注：任务过程评价表中，工作要点及技术要求可根据实际教学过程进行调整；配分项中每一小项的具体配分根据该项在任务实施过程中的重要程度、任务目标等的不同，自行配分；评价标准项不设统一标准，根据任务实施过程中的需要，综合考虑各方面因素而形成。

任课老师：　　　　年　月　日

二、总结与反思

1. 试结合自身任务完成的情况，通过交流讨论等方式学习较全面规范地填写本次任务的工作总结。

....

....

....

2. 其他意见和建议：

....

项目 2.2　操作转筒真空过滤机

任务 1　认识转筒真空过滤机

姓名		班级		建议学时	
所在组		岗位		成绩	

任务目标

1. 掌握进入实训室的相关要求；
2. 学会规范穿戴劳保用品和常用工具的使用；
3. 能按照企业 6S 管理，施行人员、设备和资料的规范管理；
4. 能阅读工作任务单，明确工时、工作任务等信息；能规范记录、处理工作任务数据，能用语言、文字规范描述工作任务；
5. 团队协作等能力；
6. 掌握转筒真空过滤机的结构及特点；
7. 掌握转筒真空过滤机的工作过程。

课前准备

一、学习本实训室规章制度，在下表中列出你认为的重点并做出承诺

我承诺：实训期间绝不违反实训室规章制度

承诺人：

二、安全规范及劳保用品
1. 规范穿好工作服（根据岗位需要列出并明确穿戴规范）。
2. 正确佩戴安全帽。
3. 正确佩戴防护口罩（如果需要请列出并明确佩戴规范）。
4. 正确佩戴护目镜及耳塞（如果需要请列出并明确佩戴规范）。
5. 其他劳保用品（如果需要请列出并明确佩戴规范）。
6. 安全注意事项（根据岗位需要明确相应规范）。

三、写出常见工具、量具、器具名称和使用规范

图片	名称	规范使用方法

续表

图片	名称	规范使用方法

任务描述

一、任务描述

　　学生在接受老师指定的工作任务后，了解工作场地的环境、设备管理要求，穿着符合劳保要求的服装，在老师的指导下，掌握转筒真空过滤机的结构及工作过程，工作完成后按照6S现场管理规范清理场地、归置物品、资料归档，并按照环保规定处置废弃物。

二、具体任务

　　1.观察转筒真空过滤机的结构，它是由哪几部分组成的？分别有什么作用？

　　2.说出转筒真空过滤机的工作过程。

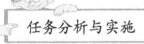

一、任务分析

　　1.通过查找资料，现场观察转筒真空过滤机的结构，学习转筒真空过滤机的构成。

　　2.通过查找资料，现场观察，掌握转筒真空过滤机的工作过程。

二、任务实施

　　1.观察板框压滤机的结构，完成下表

转筒真空过滤机的构件名称	功能

2. 观察转筒真空过滤机的工作过程，完成下表

转筒真空过滤机工作过程	过程描述
1. 过滤区	
2. 吸干区	
3. 洗涤区	
4. 吹松区	
5. 卸料区	

任务评价与总结

一、任务过程评价

任务过程评价表

任务名称		认识转筒真空过滤机		任务时间		评价	
序号	工作步骤	工作要点及技术要求		学时	评价标准	评价结论（合格、基本合格、不合格）严重错误要具体指出！	评分
1	准备工作	穿戴劳保用品					
		工具、材料、记录准备					
2	转筒真空过滤机外观认识	外形描述					
		认识铭牌所包含的内容					
		认识转筒、滤布、金属网、搅拌器传动、摇摆式搅拌器、传动装置、手孔、过滤室、刮刀、分配间、滤渣管路等					
3	转筒真空过滤机工作过程	1. 过滤区					
		2. 吸干区					
		3. 洗涤区					
		4. 吹松区					
		5. 卸料区					
4	使用工具、量具、器具	使用工具、量具、器具	正确选择、规范安全使用工具、量具、器具				
		维护工具、量具、器具	安全、文明使用各种工具、摆放整齐、用完整理归位				
5	安全及其他	遵守国家法规或企业相关安全规范	安全使用水、电、气，高空作业不伤人、不伤己等安全防范意识、行为				
		是否在规定时间内完成	按时完成工作任务				
	合计						

　　注：任务过程评价表中，工作要点及技术要求可根据实际教学过程进行调整；配分项中每一小项的具体配分根据该项在任务实施过程中的重要程度、任务目标等的不同，自行配分；评价标准项不设统一标准，根据任务实施过程中的需要，综合考虑各方面因素而形成。

任课老师：　　　　　年　月　日

二、总结与反思

1. 试结合自身任务完成的情况，通过交流讨论等方式学习较全面规范地填写本次任务的工作总结。

....

....

....

2. 其他意见和建议：

....

....

....

任务 2　转筒真空过滤机操作实训

姓名		班级		建议学时	
所在组		岗位		成绩	

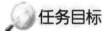 任务目标

1. 掌握进入实训室的相关要求；
2. 学会规范穿戴劳保用品和常用工具的使用；
3. 能按照企业 6S 管理，施行人员、设备和资料的规范管理；
4. 能阅读工作任务单，明确工时、工作任务等信息，能规范记录、处理工作任务数据，能用语言、文字规范描述工作任务；
5. 团队协作等能力；
6. 能说出转筒真空过滤机的安全防护措施；
7. 能安全规范操作转筒真空过滤机；
8. 能对常见的故障进行处理。

 课前准备

一、学习本实训室规章制度，在下表中列出你认为的重点并做出承诺

....

....

....

我承诺：实训期间绝不违反实训室规章制度

承诺人：

二、安全规范及劳保用品

1. 规范穿好工作服（根据岗位需要列出并明确穿戴规范）。

2. 正确佩戴安全帽。

3. 正确佩戴防护口罩（如果需要请列出并明确佩戴规范）。

4. 正确佩戴护目镜及耳塞（如果需要请列出并明确佩戴规范）。

5. 其他劳保用品（如果需要请列出并明确佩戴规范）。

6. 安全注意事项（根据岗位需要明确相应规范）。

三、写出常见工具、量具、器具名称和使用规范

图片	名称	规范使用方法

一、任务描述

　　学生在接受老师指定的工作任务后，了解工作场地的环境、设备管理要求，穿着符合劳保要求的服装，在老师的指导下，操作转筒真空过滤机，工作完成后按照 6S 现场管理规范清理场地、归置物品、资料归档，并按照环保规定处置废弃物。

二、具体任务

　　1. 说出转筒真空过滤机的安全防护措施。

　　2. 安全规范操作转筒真空过滤机。

　　3. 对常见的故障进行处理。

一、任务分析

　　1. 通过查找资料，学会转筒真空过滤机的安全防护措施。

　　2. 通过查找资料，现场观察，安全正确地操作转筒真空过滤机。

　　3. 对常见事故进行处理。

二、任务实施

　　1. 通过查阅资料完成下表

转筒真空过滤机的安全防护措施
1.
2.
3.
4.
5.
6.

2. 操作转筒真空过滤机，完成下表。

操作转筒真空过滤机	操作步骤
试车前检查	
试车	
开车	
正常运行	
停车	

3. 查找资料，完成下表

序号	故障现象	产生原因	排出方法
1	滤饼厚度达不到要求,滤饼不干	(1)真空度达不到要求 (2)滤槽内滤浆液面低 (3)滤布长时间未清洗或清洗不干净	
2	真空度过低	(1)分配头磨损漏气 (2)真空泵效率低或管路漏气 (3)滤布有破损 (4)错气窜风	

任务评价与总结

一、任务过程评价

任务过程评价表

任务名称		转筒真空过滤机操作实训		评价		
序号	工作步骤	工作要点及技术要求	配分	评价标准	评价结论(合格、基本合格、不合格)严重错误要具体指出!	评分
1	试车	试车前检查 (1)检查滤布。滤布应清洁无缺损,注意不能有干浆				
		(2)检查滤浆。滤浆槽内不能有沉淀物或杂物				
		(3)检查转筒与刮刀之间的距离,一般为1~2mm				
		(4)查看真空系统真空度大小和压缩空气系统压力大小是否符合要求				
		(5)给分配头、主轴瓦、压辊系统、搅拌器和齿轮等传动机构加润滑脂和润滑油,检查和补充减速机的润滑油				
		试车 (1)检查机体所有紧固螺栓是否旋紧,传动齿轮的啮合是否合适,滚筒托轮有无异常,电动机的接线是否正确,滤筒传动是否轻便				
		(2)启动电机,观察滤筒转向是否正确,齿轮传动是否正常,进浆阀门开启是否灵活,注意有无异常现象,机架是否稳定。可试空车和洗车15min				
2	开车	开启过滤浆阀门向滤槽注入滤浆,当液面上升到滤槽高度的1/2时,再打开真空、洗涤、压缩空气等阀门。开始正常生产				
3	正常运行	(1)经常检查滤槽内的液面高低,保持液面高度为滤槽的3/5~3/4,高度不够会影响滤饼的厚度				
		(2)经常检查各管路、阀门是否有渗漏,如有渗漏应停车修理				
		(3)定期检查真空度、压缩空气压力是否达到规定值、洗涤水分布是否均匀				
		(4)定时分析过滤效果,如滤饼的厚度、洗涤水是否符合要求				

任务名称		转筒真空过滤机操作实训		评价		
序号	工作步骤	工作要点及技术要求	配分	评价标准	评价结论(合格、基本合格、不合格)严重错误要具体指出！	评分
4	停车	(1)关闭滤浆入口阀门,再依次关闭洗涤水阀门、真空和压缩空气阀门				
		(2)洗车。除去转筒和滤槽内的物料				
5	使用工具、量具、器具	使用工具、量具、器具	正确选择、规范安全使用工具、量具、器具			
		维护工具、量具、器具	安全、文明使用各种工具、量具,摆放整齐、用完整理归位			
6	安全及其他	遵守国家法规或企业相关安全规范	安全使用水、电、气,高空作业不伤人、不伤己等安全防范意识、行为			
		是否在规定时间内完成	按时完成工作任务			
合计						

注：任务过程评价表中,工作要点及技术要求可根据实际教学过程进行调整；配分项中每一小项的具体配分根据该项在任务实施过程中的重要程度、任务目标等的不同,自行配分；评价标准项不设统一标准,根据任务实施过程中的需要,综合考虑各方面因素而形成。

任课老师：　　　年　月　日

二、总结与反思

1. 试结合自身任务完成的情况，通过交流讨论等方式学习较全面规范地填写本次任务的工作总结。

....

....

....

2. 其他意见和建议：

....

....

....

项目 3

操作典型换热器

项目 3.1 认识换热器

任务 1 认识套管式换热器

姓名		班级		建议学时	
所在组		岗位		成绩	

🔍 任务目标

1. 掌握进入实训室的相关要求；
2. 学会规范穿戴劳保用品和常用工具的使用；
3. 能按照企业 6S 管理，施行人员、设备和资料的规范管理；
4. 能阅读工作任务单，明确工时、工作任务等信息，能规范记录、处理工作任务数据，能用语言、文字规范描述工作任务；
5. 团队协作等能力；
6. 通过套管式换热器的拆装实训，掌握套管式换热器的基本结构、工作原理及特点；
7. 培养规范的拆装和测量操作习惯，养成严谨的工作态度。

课前准备

一、学习本实训室规章制度，在下表中列出你认为的重点并做出承诺

我承诺：实训期间绝不违反实训室规章制度

承诺人：

二、安全规范及劳保用品

1. 规范穿好工作服（根据岗位需要列出并明确穿戴规范）。
2. 正确佩戴安全帽。
3. 正确佩戴防护口罩（如果需要请列出并明确佩戴规范）。
4. 正确佩戴护目镜及耳塞（如果需要请列出并明确佩戴规范）。
5. 其他劳保用品（如果需要请列出并明确佩戴规范）。
6. 安全注意事项（根据岗位需要明确相应规范）。

三、写出常见使用工具、量具、器具名称和使用规范

图片	名称	规范使用方法

续表

图片	名称	规范使用方法

任务描述

一、任务描述

　　学生在接受老师指定的工作任务后，了解工作场地的环境、设备管理要求，穿着符合劳保要求的服装，在老师的指导下，掌握套管式换热器的内部和外部结构及功能，工作完成后按照 6S 现场管理规范清理场地、归置物品、资料归档，并按照环保规定处置废弃物。

二、具体任务

　　1. 分组，分配工作，明确每个人的任务。

　　2. 读懂结构图。

　　3. 观察套管式换热器的外观结构，它是由哪几部分组成的？分别有什么作用？

　　4. 观察套管式换热器的内部结构，主要包括哪些零部件？分别起到什么作用？

任务分析与实施

一、任务分析

　　在认识换热器前，学生必须了解换热器的基本知识，建议按照以下步骤完成相关任务。

　　1. 查阅相关书籍和资料，了解不同类型的换热器。

　　2. 通过查找资料，现场观察套管式换热器的外观结构，学习套管式换热器的构成。

　　3. 通过现场观察老师对套管式换热器的拆卸，学习套管式换热器的内部结构。

二、任务实施

　　1. 查阅相关资料，分组并回答生活中有哪些传热现象，以及传热在化工生产中的重要性。

　　2. 通过查阅资料完成下表

常用换热器名称	型号	工业用途

3.观察套管式换热器的外观结构，完成下表

套管式换热器外部构件名称	功能

4.观察换热器的内部结构，并完成下表。

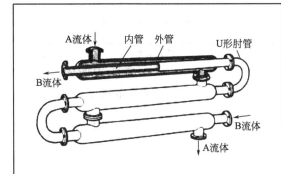

套管式换热器主要构件名称	功能

任务评价与总结

一、任务过程评价

任务过程评价表

项目	考核内容及配分	评分标准	记录	得分
领工具 （10分）	领工具单评分 （5分）	（1）所有工具一次性领到位，多领或少领或错领每件扣1分或没有记录每件加扣1分，扣完为止 （2）损坏工具，每件扣2分，扣完为止		
	工具堆放位置 （5分）	（1）工具摆放整齐，每乱摆一件扣1分，扣完为止 （2）所用物件越界，每件扣1分，扣完为止		
认识套管式换热器（20分）		认识换热器的每个部件，查找每个关键零部件的作用		
拆卸套管式换热器（20分）	按照顺序拆开换热器	（1）按照顺序拆卸换热器，错一处扣5分，扣完为止 （2）构件摆放整齐，乱摆一次扣5分，扣完为止 （3）用硬质工具敲打换热器，每次扣5分，扣完为止		
安装换热器（20分）		按照顺序安装换热器，每错一次扣5分，扣完为止		

续表

项目	考核内容及配分	评分标准	记录	得分
文明 安全 操作 （8分）	整个拆装过程中选手穿戴是否规范,是否越限(5分)	1. 没有穿规定工作服或者戴手套扣1分 2. 没有戴安全帽扣1分 3. 每越限一次扣1分,最多不超过扣3分		
	伤害(3分)	伤害到别人或自己不安全操作每次1分,扣完为止		
小组配合 良好(2分)				
组员之间互 评得分(10分)	正确客观评价组内成员,取平均分			
老师评价 得分(10分)				
总分	100			

任课老师：　　　年　月　日

二、总结与反思

1. 试结合自身任务完成的情况，通过交流讨论等方式学习较全面规范地填写本次任务的工作总结。

2. 其他意见和建议：

任务2　认识列管式换热器

姓名		班级		建议学时	
所在组		岗位		成绩	

🔍 任务目标

1. 掌握进入实训室的相关要求；
2. 学会规范穿戴劳保用品和常用工具的使用；
3. 能按照企业6S管理，施行人员、设备和资料的规范管理；
4. 能阅读工作任务单，明确工时、工作任务等信息，能规范记录、处理工作任务数据，能用语言、文字规范描述工作任务；
5. 团队协作等能力；
6. 通过列管式换热器的拆装实训，掌握列管式换热器的基本结构、工作原理及特点；
7. 培养规范的拆装和测量操作习惯，养成严谨的工作态度。

课前准备

一、学习本实训室规章制度，在下表中列出你认为的重点并做出承诺

....

....

....

　　　　　　　　　　　　　　我承诺：实训期间绝不违反实训室规章制度

　　　　　　　　　　　　　　　　　　　　　承诺人：

二、安全规范及劳保用品

　　1. 规范穿好工作服（根据岗位需要列出并明确穿戴规范）。

　　2. 正确佩戴安全帽。

　　3. 正确佩戴防护口罩（如果需要请列出并明确佩戴规范）。

　　4. 正确佩戴护目镜及耳塞（如果需要请列出并明确佩戴规范）。

　　5. 其他劳保用品（如果需要请列出并明确佩戴规范）。

　　6. 安全注意事项（根据岗位需要明确相应规范）。

三、写出常见工具、量具、器具名称和使用规范

图片	名称	规范使用方法

任务描述

一、任务描述

　　学生在接受老师指定的工作任务后，了解工作场地的环境、设备管理要求，穿着符合劳保要求的服装，在老师的指导下，掌握列管式换热器的内部和外部结构及功能，工作完成后按照 6S 现场管理规范清理场地、归置物品、资料归档，并按照环保规定处置废弃物。

二、具体任务

　　1. 分组，分配工作，明确每个人的任务。

　　2. 读懂结构图。

　　3. 观察列管式换热器的外观结构，它是由哪几部分组成的？分别有什么作用？

　　4. 观察列管式换热器的内部结构，主要包括哪些零部件？分别起到什么作用？

任务分析与实施

一、任务分析

　　在认识换热器前，学生必须了解换热器的基本知识，建议按照以下步骤完成相关任务。

　　1. 通过查找资料，现场观察列管式换热器的外观结构，学习列管式换热器的构成。

　　2. 通过现场观察老师拆卸列管式换热器，学习列管式换热器的内部结构。

二、任务实施

1. 查阅相关资料，分组并回答列管式换热器在化工生产中的重要性。

2. 观察列管式换热器的外观结构，完成下表。

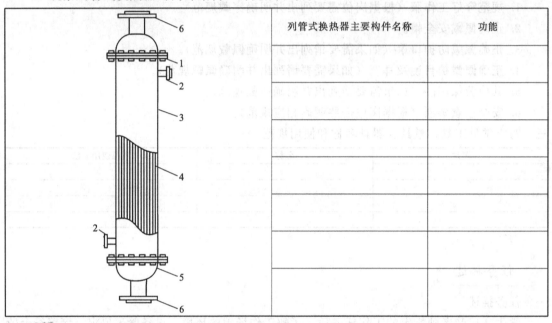

列管式换热器外部构件名称	功能

3. 观察列管式换热器的内部结构，并完成下表。

列管式换热器主要构件名称	功能

任务评价与总结

一、任务过程评价

任务过程评价表

项目	考核内容及配分	评分标准	记录	得分
领工具(10分)	领工具单评分(5分)	(1)所有工具一次性领到位，多领或少领或错领每件扣1分或没有记录每件加扣1分，扣完为止 (2)损坏工具，每件扣2分，扣完为止		
	工具堆放位置(5分)	(1)工具摆放整齐，每乱摆一件扣1分，扣完为止 (2)所用物件越界，每件扣1分，扣完为止		
认识列管式换热器(20分)		认识换热器的每个部件，查找每个关键零部件的作用		

续表

项目	考核内容及配分	评分标准	记录	得分
拆卸列管式换热器(20分)	按照顺序拆开换热器	(1)按照顺序拆卸换热器,错一处扣5分,扣完为止 (2)构件摆放整齐,乱摆一次扣5分,扣完为止 (3)用硬质工具敲打换热器,每次扣5分,扣完为止		
安装换热器(20分)		按照顺序安装换热器,没错一次扣5分,扣完为止		
文明安全操作8分	整个拆装过程中选手穿戴是否规范,是否越限(5分)	(1)没有穿规定工作服或者戴手套扣1分 (2)没有戴安全帽扣1分 (3)每越限一次扣1分,最多不超过扣3分		
	伤害(3分)	伤害到别人或自己不安全操作每次1分,扣完为止		
小组配合良好(2分)				
组员之间互评得分(10分)		正确客观评价组内成员,取平均分		
老师评价得分(10分)				
总分		100		

任课老师: 年 月 日

二、总结与反思

1. 试结合自身任务完成的情况,通过交流讨论等方式学习较全面规范地填写本次任务的工作总结。

....
....
....

2. 其他意见和建议:

....
....
....

任务3 认识板式换热器

姓名		班级		建议学时	
所在组		岗位		成绩	

任务目标

1. 掌握进入实训室的相关要求；
2. 学会规范穿戴劳保用品和常用工具的使用；
3. 能按照企业 6S 管理，施行人员、设备和资料的规范管理；
4. 能阅读工作任务单，明确工时、工作任务等信息；能规范记录、处理工作任务数据，能用语言、文字规范描述工作任务；
5. 团队协作等能力；
6. 通过板式换热器的拆装实训，掌握板式换热器的基本结构、工作原理及特点；
7. 培养规范的拆装和测量操作习惯，养成严谨的工作态度。

课前准备

一、学习本实训室规章制度，在下表中列出你认为的重点并做出承诺

....

....

....

我承诺：实训期间绝不违反实训室规章制度

承诺人：

二、安全规范及劳保用品

1. 规范穿好工作服（根据岗位需要列出并明确穿戴规范）。
2. 正确佩戴安全帽。
3. 正确佩戴防护口罩（如果需要请列出并明确佩戴规范）。
4. 正确佩戴护目镜及耳塞（如果需要请列出并明确佩戴规范）。
5. 其他劳保用品（如果需要请列出并明确佩戴规范）。
6. 安全注意事项（根据岗位需要明确相应规范）。

三、写出常用工具、量具、器具名称和使用规范

图片	名称	规范使用方法

任务描述

一、任务描述

　　学生在接受老师指定的工作任务后，了解工作场地的环境、设备管理要求，穿着符合劳保要求的服装，在老师的指导下，掌握板式换热器的内部和外部结构及功能，工作完成后按

照 6S 现场管理规范清理场地、归置物品、资料归档，并按照环保规定处置废弃物。

二、具体任务

1. 分组，分配工作，明确每个人的任务。

2. 读懂结构图。

3. 观察平板式、翅片板式、螺旋板式换热器的外观结构，它是由哪几部分组成的？分别有什么作用？

4. 观察平板式、翅片板式、螺旋板式换热器的内部结构，主要包括哪些零部件？分别起到什么作用？

任务分析与实施

一、任务分析

在认识换热器前，学生必须了解换热器的基本知识，建议按照以下步骤完成相关任务。

1. 通过查找资料，现场观察平板式、翅片板式、螺旋板式换热器的外观结构，并了解它们的构成。

2. 通过现场观察平板式换热器的拆卸（老师演示），学习板式换热器的内部结构。

二、任务实施

1. 查阅相关资料，分组并回答板式换热器在化工生产中的重要性。

2. 观察平板式换热器的外观结构，完成下表。

	平板式换热器外部构件名称	功能

3. 观察翅片板式换热器的内部结构，并完成下表。

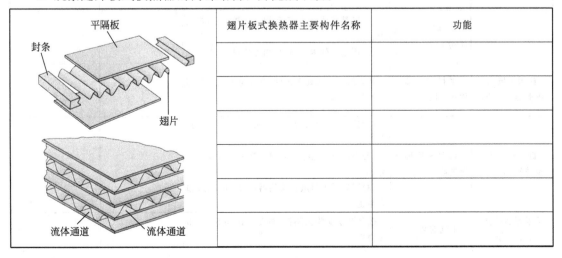

	翅片板式换热器主要构件名称	功能

4. 观察螺旋板式换热器的内部结构，并完成下表。

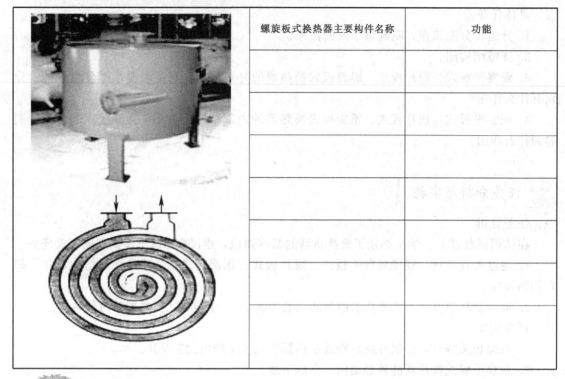

螺旋板式换热器主要构件名称	功能

任务评价与总结

一、任务过程评价

任务过程评价表

项目	考核内容及配分	评分标准	记录	得分
领工具(10分)	领工具单评分(5分)	(1)所有工具一次性领到位,多领或少领或错领每件扣1分或没有记录每件加扣1分,扣完为止 (2)损坏工具,每件扣2分,扣完为止		
	工具堆放位置(5分)	(1)工具摆放整齐,每乱摆一件扣1分,扣完为止 (2)所用物件越界,每件扣1分,扣完为止		
认识平板式换热器(20分)	平板式主体结构及作用	认识换热器的每个部件,查找每个关键零部件的作用,错或少1个扣2份		
拆卸平板式换热器(20分)	按照顺序拆开换热器	(1)按照顺序拆卸换热器,错一处扣5分,扣完为止 (2)构件摆放整齐,乱摆一次扣5分,扣完为止 (3)用硬质工具敲打换热器,每次扣5分,扣完为止		
安装平板换热器(20分)	正确安装	按照顺序安装换热器,每错一次扣5分,扣完为止		

续表

项目	考核内容及配分	评分标准	记录	得分
文明安全操作(8分)	整个拆装过程中选手穿戴是否规范,是否违规(5分)	(1)没有穿规定工作服或者手套扣1分 (2)没有戴安全帽扣1分 (3)每违规一次扣1分,最多不超过3分		
	伤害(3分)	伤害到别人或自己不安全操作每次1分,扣完为止		
小组配合良好(2分)				
组员之间互评得分(10分)	正确 客观评价组内成员,取平均分			
老师评价得分(10分)				
总分		100		

任课老师: 年 月 日

二、总结与反思

1. 试结合自身任务完成的情况,通过交流讨论等方式学习较全面规范地填写本次任务的工作总结。

2. 其他意见和建议:

任务4 认识其他形式换热器

姓名		班级		建议学时	
所在组		岗位		成绩	

任务目标

1. 掌握进入实训室的相关要求;
2. 学会规范穿戴劳保用品和常用工具的使用;
3. 能按照企业6S管理,施行人员、设备和资料的规范管理;
4. 能阅读工作任务单,明确工时、工作任务等信息;能规范记录、处理工作任务数据,能用语言、文字规范描述工作任务;
5. 团队协作等能力;
6. 认识除上述外的其他换热器(如凉水塔、混合式冷凝器、蓄热式换热器和热管换热),学习它们的基本结构、工作原理及特点;
7. 培养规范认真仔细的观察学习习惯,养成严谨的工作态度。

课前准备

一、学习本实训室规章制度，在下表中列出你认为的重点并做出承诺

....

....

....

我承诺：实训期间绝不违反实训室规章制度

承诺人：

二、安全规范及劳保用品

1. 规范穿好工作服（根据岗位需要列出并明确穿戴规范）。

2. 正确佩戴安全帽。

3. 正确佩戴防护口罩（如果需要请列出并明确佩戴规范）。

4. 正确佩戴护目镜及耳塞（如果需要请列出并明确佩戴规范）。

5. 其他劳保用品（如果需要请列出并明确佩戴规范）。

6. 安全注意事项（根据岗位需要明确相应规范）。

三、写出常用工具、量具、器具名称和使用规范

图片	名称	规范使用方法

任务描述

一、任务描述

　　学生在接受老师指定的工作任务后，了解工作场地的环境、设备管理要求，穿着符合劳保要求的服装，在老师的指导下，掌握列管式换热器的内部和外部结构及功能，工作完成后按照 6S 现场管理规范清理场地、归置物品、资料归档，并按照环保规定处置废弃物。

二、具体任务

　　1. 分组，分配工作，明确每个人的任务。

　　2. 读懂结构图。

　　3. 观察凉水塔、混合式冷凝器、蓄热式换热器和热管换热器的外观结构，它是由哪几部分组成的？分别有什么作用？

　　4. 观察凉水塔、混合式冷凝器等换热器的内部结构，主要包括哪些零部件？分别起到什么作用？

任务分析与实施

一、任务分析

　　在认识换热器前，学生必须了解换热器的基本知识，建议按照以下步骤完成相关任务。

　　通过查找资料，现场观察凉水塔、混合式冷凝器等换热器的外观结构，学习它们的构成；理解其工作原理，以及在化工生产中的应用。

二、任务实施

　　1. 查阅相关资料，分组并回答凉水塔、混合式冷凝器等换热器在化工生产中的重要性。

　　2. 观察凉水塔的外观结构，完成下表。

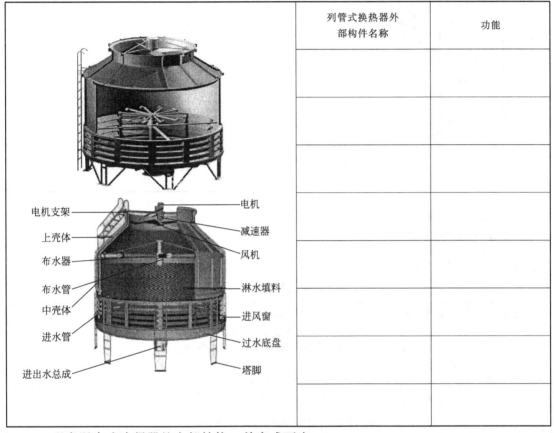

列管式换热器外部构件名称	功能

电机支架　电机　减速器　上壳体　布水器　风机　布水管　中壳体　淋水填料　进水管　进风窗　进出水总成　过水底盘　塔脚

　　3. 观察混合式冷凝器的内部结构，并完成下表。

混合式冷凝器主要构件名称	功能

蒸汽　水　冷凝液

续表

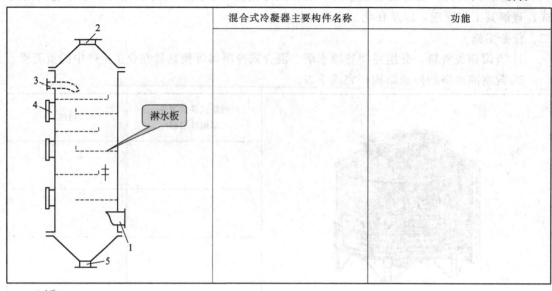

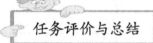

混合式冷凝器主要构件名称	功能

任务评价与总结

一、任务过程评价

任务过程评价表

项目	考核内容及配分	评分标准	记录	得分
领工具(10分)	领工具单评分(5分)	(1)所有工具一次性领到位,多领或少领或错领每件扣1分或没有记录每件加扣1分,扣完为止 (2)损坏工具,每件扣2分,扣完为止		
	工具堆放位置(5分)	(1)工具摆放整齐,每乱摆一件扣1分,扣完为止 (2)所用物件越界,每件扣1分,扣完为止		
认识凉水塔换热器(30分)	冷水塔主体结构及作用	认识凉水塔的每个部件,查找每个关键零部件的作用,错或少一个扣5分,扣完为止		
认识混合式冷凝器换热器(30分)	混合式冷凝器主体结构及作用	认识混合式冷凝器的每个部件,查找每个关键零部件的作用,错或少一个扣5分,扣完为止		
文明安全操作(8分)	整个实习过程中选手穿戴是否规范,是否违规(4分)	(1)没有穿规定工作服或者手套扣1分 (2)没有戴安全帽扣1分 (3)每违规一次扣1分,最多不超过3分		
	伤害(4分)	伤害到别人或自己不安全操作每次扣4分,扣完8分为止		
小组配合良好(2分)				
组员之间互评得分(10分)	正确 客观评价组内成员,取平均分			
老师评价得分(10分)				
总分	100			

任课老师:　　　　　年　月　日

二、总结与反思

1. 试结合自身任务完成的情况，通过交流讨论等方式学习较全面规范地填写本次任务的工作总结。

....

....

....

2. 其他意见和建议：

....

....

....

项目 3.2 列管式换热器的仿真操作训练

任务 列管式换热器的仿真操作训练

姓名		班级		建议学时	
所在组		岗位		成绩	

任务目标

1. 掌握进入实训室的相关要求；
2. 学会规范穿戴劳保用品和常用工具的使用；
3. 能按照企业 6S 管理，施行人员、设备和资料的规范管理；
4. 能阅读工作任务单，明确工时、工作任务等信息，能规范记录、处理工作任务数据，能用语言、文字规范描述工作任务；
5. 团队协作等能力；
6. 通过对仿真系统中的列管式换热器设备及现场阀门的认识，学习列管式换热器仿真操作；
7. 通过列管式换热器 DCS 图的认识，学习列管式换热器 DCS 操作系统；
8. 通过开车、停车、正常运行与维护、简单事故处理的认识，学习列管式换热器仿真操作。

课前准备

一、预习仿真系统中列管式换热器的设备及现场阀门等相关知识

....

....

....

二、安全规范及劳保用品

1. 规范穿好工作服（根据岗位需要列出并明确穿戴规范）。

2. 正确佩戴安全帽。

3. 正确佩戴防护口罩（如果需要请列出并明确佩戴规范）。

4. 正确佩戴护目镜及耳塞（如果需要请列出并明确佩戴规范）。

5. 其他劳保用品（如果需要请列出并明确佩戴规范）。

6. 安全注意事项（根据岗位需要明确相应规范）。

任务描述

一、任务描述

学生在接受老师指定的工作任务后，了解工作场地的环境、设备管理要求，穿着符合劳保要求的服装，在老师的指导下，通过对仿真系统中列管式换热器的设备、现场阀门、操作仪表、操作流程、操作 DCS 图的认识，学习列管式换热器仿真操作。工作完成后按照 6S 现场管理规范清理场地、归置物品、资料归档，并按照环保规定处置废弃物。

二、具体任务

1. 掌握仿真系统中列管式换热器的设备、现场阀门相关知识。

2. 掌握列管式换热器操作仪表、操作流程、操作 DCS 图。

3. 掌握开车、停车、正常运行与维护、简单事故处理等相关列管式换热器仿真操作。

任务分析与实施

一、任务分析

掌握仿真系统中列管式换热器的设备、现场阀门、操作仪表、操作流程、操作 DCS 图等相关知识，是学习列管式换热器仿真操作的重要内容。

二、任务实施

1. 了解仿真系统中列管式换热器的设备及现场阀门

（1）认识现场设备 认真观察列管式换热器现场图（图 3-1）并填写下表。

位号	名称	位号	名称
E101			
P101A/B			

（2）认识现场阀门 认真观察列管式换热器现场图（图 3-1）并填写下表。

位号	名称	位号	名称	位号	名称
VB01		VB11		VD02	
VB03		VB10		VD03	
FV101		TV101A		VD04	
VB04		VB07		VD05	
VB05		VB06		VD06	

2. 认识列管式换热器 DCS 操作系统

（1）认真观察列管式换热器操作 DCS 图（图 3-2），并熟悉流量、液位、压力和温度等相关工艺参数。

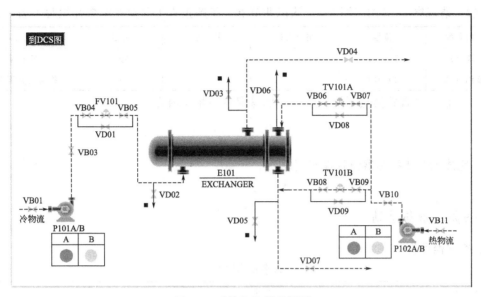

图 3-1 列管换热器现场图

显示仪表名称	位号	显示变量	正常值	单位
压力显示仪表	PI101			MPa
	PI102			MPa
流量显示仪表	FI101			kg/h
	FI102			kg/h
温度显示仪表	TI101			℃
	TI102			℃
	TI103			℃
	TI104			℃
汽化率显示仪表	Evap. Rate			%

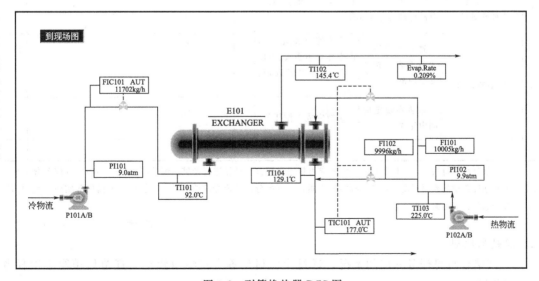

图 3-2 列管换热器 DCS 图

（2）请观察 DCS 图（图 3-2）认识调节器，了解正常工况操作参数并填写下表。

调节器名称	位号	调节变量	正常值	单位	正常工况
流量调节器	FIC101			kg/h	投自动
温度调节器	TIC101			℃	投自动分程控制

（3）认识列管式换热器操作流程并填写课本中相关内容。

3. 完成列管式换热器仿真操作训练

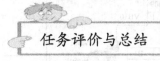 任务评价与总结

一、任务过程评价

任务过程评价表

任务名称		列管式换热器的仿真操作训练			评价		
序号	工作步骤	工作要点及技术要求	配分	评价标准	评价结论(合格、基本合格、不合格)严重错误要具体指出！		评分
1	准备工作	穿戴劳保用品					
		工具、材料、记录准备					
2	仿真系统中列管式换热器的设备及现场阀门	通过对仿真系统中列管式换热器设备及现场阀门的认识,学习列管式换热器装置仿真操作					
3	认识列管式换热器 DCS 操作系统	掌握列管式换热器操作仪表、操作流程、操作 DCS 图					
4	列管式换热器仿真操作训练	掌握开车、停车、正常运行与维护、简单事故处理等相关操作					
5	安全及其他	遵守国家法规或行业企业相关安全规范	安全使用水、电、气,高空作业不伤人、不伤己等安全防范意识、行为				
		是否在规定时间内完成	按时完成工作任务				
		合计					

注：任务过程评价表中，工作要点及技术要求可根据实际教学过程进行调整；配分项中每一小项的具体配分根据该项在任务实施过程中的重要程度、任务目标等的不同，自行配分；评价标准项不设统一标准，根据任务实施过程中的需要，综合考虑各方面因素而形成。

任课老师： 年 月 日

二、总结与反思

1. 试结合自身任务完成的情况，通过交流讨论等方式学习较全面规范地填写本次任务的工作总结。

2. 其他意见和建议：

项目 3.3　列管式换热器的操作与计算

任务　学习列管式换热器的操作

姓名		班级		建议学时	
所在组		岗位		成绩	

任务目标

1. 掌握进入实训室的相关要求；
2. 学会规范穿戴劳保用品和常用工具的使用；
3. 能按照企业 6S 管理，施行人员、设备和资料的规范管理；
4. 能阅读工作任务单，明确工时、工作任务等信息，能规范记录、处理工作任务数据，能用语言、文字规范描述工作任务；
5. 团队协作等能力；
6. 能够辨识换热装置及流程；
7. 能够进行开车前的检查及准备工作；
8. 能够正确操作机泵、蒸汽设备和换热设备，能够正确测量、记录相关数据并进行必要的数据整理；
9. 能够根据操作要求，合理调节和控制冷、热流体流量、温度和压力等参数，保证换热过程稳定进行；
10. 能够正确进行开、停车操作；能够正确判断操作过程中出现的不正常现象，并能正确处理；
11. 掌握传热系数的计算方法；掌握传热的调节控制方法。

课前准备

一、预习换热器装置开车前准备、开车和停车及正常操作注意事项等相关知识

二、安全规范及劳保用品
1. 规范穿好工作服（根据岗位需要列出并明确穿戴规范）。

2. 正确佩戴安全帽。

3. 正确佩戴防护口罩（如果需要请列出并明确佩戴规范）。

4. 正确佩戴护目镜及耳塞（如果需要请列出并明确佩戴规范）。

5. 其他劳保用品（如果需要请列出并明确佩戴规范）。

6. 安全注意事项（根据岗位需要明确相应规范）。

三、写出常见工具、量具、器具名称和使用规范

图片	名称	规范使用方法

四、分组，分配工作，明确每个人的任务

任务描述

一、任务描述

　　学生在接受老师指定的工作任务后，了解工作场地的环境、设备管理要求，穿着符合劳保要求的服装，在老师的指导下，进行传热单元的开停车操作并调节各个工艺参数，针对操作中出现的异常情况能够及时发现报告处理，工作完成后按照 6S 现场管理规范清理场地、归置物品、资料归档，并按照环保规定处置废弃物。

二、具体任务

　　1. 观察换热器的构成，并简述流程。

　　2. 进行换热器的开车前准备、开车及运行、停车等操作。

　　3. 结合查阅的资料，思考针对运行中可能出现的问题，应该制订何种应对措施。

　　4. 通过测量换热器中热水与冷水的流量与温度，计算换热器的传热速率。

　　5. 查阅资料，讨论传热的强化方法及在工业上的应用。

任务分析与实施

一、任务分析

　　在操作换热器前，学员必须了解换热器的部件名称和工作流程，建议按照以下步骤完成相关任务。

　　1. 画换热器工作实训流程图。

　　2. 换热实训设备的准备。

　　3. 换热实训设备基本状态检查。

　　4. 熟悉换热实训操作规程及注意事项。

　　5. 分组，由小组长明确每个人的工作，负责现场的 6S 管理工作；小组组员分工：岗位到人、现场清洁、现场安全、现场劳纪、任务实施过程的记录、小结。

　　6. 进行相关数据的测量。

二、任务实施

　　1. 认真观察图 3-3，并与实训设备进行对照，指出实训设备中的下列反应器

　　①反应釜；②U 形管换热器；③浮头换热器；④直列管换热器；⑤套管换热器；⑥螺旋板换热器；⑦薄板换热器；⑧石墨换热器。

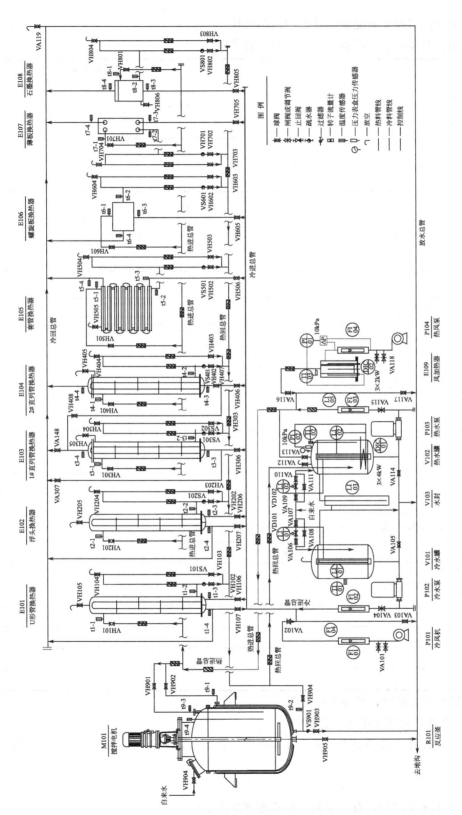

图3-3 换热装置

2. 画出换热器操作技能训练装置的简单流程图

3. 写出换热器的检查准备——开车的主要步骤

步骤	主要内容	注意事项
步骤 1		
步骤 2		
步骤 3		

4. 写出换热器停车的主要步骤

步骤	主要内容	注意事项
步骤 1		
步骤 2		
步骤 3		

5. 写出操作换热器中遇到的故障，并写出解决方案

编号	故障	解决方案
1		
2		
3		

6. 根据查阅的资料，思考下列问题

影响换热器传热速率的因素有哪些？

（1）冷热流体在换热器中的流动方向有哪几种方式，分别应该如何计算其有效温度差？

（2）在工业生产中，有哪些调节传热速率的方法？

任务评价与总结

一、任务过程评价

任务过程评价表

考核项目	评分细则	分值	得分	备注
提问 (10分)	叙述主要设备的名称、位号、作用	3		
	叙述流程	2		
	由题库任意抽取试题5题,每题一分	5		
开车前 准备 (5分)	检查总电源、水源、仪表柜电源,查看电压表、电流表显示(口述)	2		
	检查并确定各阀门状态(口述)并挂牌标识	2		
	检查并清空冷热水罐、管路中的积液(第一组操作,其他组口述即可)	1		
正常开车 (30分)	打开自来水总阀	2		
	打开热水罐电磁阀的前后阀	2		
	DCS上设定液位L2-XA下限为500mm,上限为650mm	2		
	打开冷水罐前后阀,DCS上设定液位L1-XA下限为400mm,上限为650mm	2		
	控制柜上开热水加热器电源开关	2		
	DCS上设定V102热水加热器的温度T2-XA为75℃	2		
	热水罐温度T2-PV达到70℃	2		
	打开套管换热器冷水进口阀	2		
	启动冷水泵P102(启动步骤错误,该项不得分)	2		
	调整转子流量计至0.2~1.46m³/h	2		
	T2-PV达到70℃时,打开套管换热器热水进口阀	2		
	启动热水泵P103	2		
	打开套管式换热器放空阀VH505,有水溢出时关闭(若有大量水喷出时,该项不得分)	2		
	打开套管式换热器热回管路放空阀VH504,有水溢出时关闭(若有大量水喷出时,该项不得分)	2		
	打开套管式换热器热回阀门VH503,调整热水转子流量计流量为0.4~1.2m³/h	2		
正常运行(10分)	检查热水罐液位是否大于500mm	1		
	检查冷水罐液位是否大于400mm	1		
	检查有无"跑、冒、滴、漏"现象并记录	2		
	检查动设备电机温升是否小于70℃	2		
	检查动设备电机振动值是否小于9.76mm/s	2		
	检查转子流量计转子位置是否稳定	2		
记录数据 (5分)	冷热媒介进入套管后开始记录数据,每2分钟记录一次	3		
	判断稳定后,每2分钟记录一次,记3组,判断错误,扣2分	2		

续表

考核项目	评分细则	分值	得分	备注
正常停车 （20分）	在 DCS 系统上关闭 V102 加热电源	2		
	关闭控制柜加热器电源	2		
	关闭热水泵出口阀	2		
	关闭热水泵 P103	2		
	关闭冷水泵出口阀	2		
	关闭冷水泵 P102	2		
	关闭控制柜总电源	2		
	将热水罐内热水排空（口述操作）	2		
	将冷水罐内冷水排空（口述操作）	2		
	将所有阀门归位	2		
文明操作 （10分）	实训期间正确佩戴安全帽，无碰头现象发生	2		
	规范开启和关闭现场所有阀门（如用脚开关阀门等）	2		
	文明生产，不损坏现场设备、不踩踏管道	1		
	不倚靠在栏杆及实训设备上	1		
	遵守 6S 规定，物品摆放整洁	1		
	实训服穿戴规范、整齐	1		
	小组配合良好，无无效沟通	2		
重大安全事故 （10分）	热水罐液位低限设置小于 400（易发生干烧）	5		
	风机进水	5		

任课老师：　　　　年　月　日

二、总结与反思

1. 试结合自身任务完成的情况，通过交流讨论等方式学习较全面规范地填写本次任务的工作总结。

....

....

....

2. 其他意见和建议：

....

....

....

项目 **4**

操作典型蒸发装置

任务 1　认识蒸发装置及流程

姓名			建议学时	
所在组			成绩	

 任务目标

1. 掌握进入实训室的相关要求；
2. 学会规范穿戴劳保用品和常用工具的使用；
3. 能按照企业 6S 管理，施行人员、设备和资料的规范管理；
4. 能阅读工作任务单，明确工时、工作任务等信息，能规范记录、处理工作任务数据，能用语言、文字规范描述工作任务；
5. 团队协作等能力；
6. 通过认识蒸发在工业中的运用，学习蒸发的定义及用途；
7. 通过对蒸发操作实训单元装置或简单蒸发装置的认识，学习蒸发装置的主体构成及工艺流程；
8. 认识工业生产中蒸发操作的常见工艺类型。

 **课前准备**

一、学习本实训室规章制度，在下表中列出你认为的重点并做出承诺

....

....

....

我承诺：实训期间绝不违反实训室规章制度

承诺人：

二、安全规范及劳保用品

1. 规范穿好工作服：选择长袖、长裤防静电工作服，领口、袖口系紧。
2. 正确佩戴安全帽。
3. 正确佩戴防护口罩：根据干燥现场物料情况选择合适口罩。常有挥发性气体污染物和粉尘污染物，可佩戴防尘防毒口罩等。
4. 正确佩戴护目镜及耳塞：正确佩戴防护镜，检查防护镜，看是否出现材料老化、变质、针孔、裂纹，以及其他机械损伤，如发现上述情况立即停止使用。
5. 其他劳保用品：戴好防护手套和穿好防滑鞋。
6. 安全注意事项：严防滑倒、触电、烫伤及机械伤害，严格按照操作规程要求检查。

 任务描述

一、任务描述

学生在接受老师指定的工作任务后，了解工作场地的环境、设备管理要求，穿着符合劳保要求的服装，在老师的指导下，通过资料查询和蒸发生产实例，掌握蒸发目的及其特点、

原理，通过对现场蒸发装置设备及流程的学习与认识，为蒸发生产做好基础准备。工作完成后按照 6S 现场管理规范清理场地、归置物品、资料归档，并按照环保规定处置废弃物。

二、具体任务

　　1. 识别蒸发装置的主要设备。

　　2. 识别蒸发装置的调节仪表。

　　3. 识别各管线流程。

任务分析与实施

一、任务分析

　　在认识蒸发装置及工艺流程前，学员必须掌握蒸发的目的及其特点、原理及工业运用，建议按照以下步骤完成相关任务。

　　1. 查阅相关书籍和资料，了解蒸发操作在化工生产中的应用、特点、类别及蒸发的流程。

　　2. 在实训现场，认识蒸发装置的主要构成及工艺流程，各管线物料走向。

二、任务实施

　　1. 查阅相关资料，列举生产和生活中至少三个蒸发的运用实例，并指出这些事例中运用蒸发的目的。

序号	实例	运用蒸发的目的
1		
2		
3		
4		
5		
...		

　　2. 在实训现场，结合装置操作规程与工艺流程图，识别蒸发装置主要设备构成，完成下表。

设备名称	位号	设备作用

　　3. 对照 PID 图，找出本蒸发装置的各类仪表和监测器，并明确其位号、监测点，然后完成下表。

位号	仪表或监测类型	监测工艺点

续表

位号	仪表或监测类型	监测工艺点

4. 对照装置操作规程，通过现场查走，摸清楚各管线的物料流向，并做好记录。

（1）理清物料流程

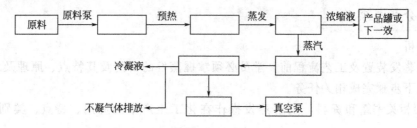

（2）对照物料流程理清蒸汽及冷凝水流程

5. 结合以上学习，画出实训蒸发装置的 PID 图。

任务评价与总结

一、任务过程评价

任务过程评价表

任务名称		认识蒸发装置及流程			评价	
序号	工作步骤	工作要点及技术要求	配分	评价标准	评价结论（合格、基本合格、不合格）严重错误要具体指出！	评分
1	准备工作	正确穿戴劳保用品（服装、安全帽等）	5	不符合要求扣6分		
		工具、材料、记录准备	5	选择正确与否扣1~5分		
2	识别蒸发装置主要设备	准确识别装置的主体设备名称（蒸发器、冷凝器、真空装置等）	4	描述准确与否扣1~2分		
		准确记录各主体设备的位号	6	是否有漏项扣相应分		
		准确描述各主体设备的作用	10	是否有漏项扣相应分		
3	识别各调节仪表	准备识别各仪表类型	4	仪表类型错误扣1分/个；仪表位号错误扣1分/个；检测器位号错误扣1分/个；作用描述错误扣2分/个		
		明确各仪表的位号	8			
		识别检测器位号	8			
		明确仪表和检测器的监测位置和作用	10			
4	识别各管线流程	理清蒸汽、二次蒸汽的流程	10	流程是否正确，控制节点是否清楚；扣相应的分值		
		理清物料的流程	10			
		绘制带控制节点的流程图	10			

续表

任务名称		认识蒸发装置及流程			评价		
序号	工作步骤	工作要点及技术要求		配分	评价标准	评价结论(合格、基本合格、不合格)严重错误要具体指出!	评分
5	安全及其他	遵守国家法规或企业相关安全规范	安全使用水、电、气,高空作业不伤人、不伤己等安全防范意识、行为	5	违规一次扣2分,严重违规停止操作		
		是否在规定时间内完成	按时完成工作任务	5	超时1小时扣总分5分,超时2小时停止操作		
合计				100			

注：任务过程评价表中，工作要点及技术要求可根据实际教学过程进行调整；配分项中每一小项的具体配分根据该项在任务实施过程中的重要程度、任务目标等的不同，自行配分；评价标准项不设统一标准，根据任务实施过程中的需要，综合考虑各方面因素而形成。

任课老师： 年 月 日

二、总结与反思

1. 试结合自身任务完成的情况，通过交流讨论等方式学习较全面规范地填写本次任务的工作总结。

....
....
....
....

2. 其他意见和建议：

....
....
....

任务2 认识典型的蒸发设备

姓名		班级		建议学时	
所在组		岗位		成绩	

 任务目标

1. 掌握进入实训室的相关要求；
2. 学会规范穿戴劳保用品和常用工具的使用；
3. 能按照企业6S管理，施行人员、设备和资料的规范管理；
4. 能阅读工作任务单，明确工时、工作任务等信息，能规范记录、处理工作任务数据，能用语言、文字规范描述工作任务；
5. 团队协作等能力；
6. 认识主要蒸发器的结构及工作原理；
7. 认识蒸发器的辅助设备及作用；
8. 对比不同蒸发器的特点，学会初步选择蒸发器。

课前准备

一、学习本实训室规章制度，在下表中列出你认为的重点并做出承诺

我承诺：实训期间绝不违反实训室规章制度

承诺人：

二、安全规范及劳保用品

1. 规范穿好工作服：选择长袖、长裤防静电工作服，领口、袖口系紧。

2. 正确佩戴安全帽。

3. 正确佩戴防护口罩：根据干燥现场物料情况选择合适口罩。常有挥发性气体污染物和粉尘污染物，可佩戴防尘防毒口罩等。

4. 正确佩戴护目镜及耳塞：正确佩戴防护镜，检查防护镜，看是否出现材料老化、变质、针孔、裂纹，以及其他机械损伤，如发现上述情况立即停止使用。

5. 其他劳保用品：戴好防护手套和穿好防滑鞋。

6. 安全注意事项：严防滑倒、触电、烫伤及机械伤害，严格按照操作规程要求检查。

任务描述

一、任务描述

学生在接受老师指定的工作任务后，了解工作场地的环境、设备管理要求，穿着符合劳保要求的服装，在老师的指导下，通过现场实物观察，认识蒸发器及其辅助设备的结构、掌握蒸发器的原理，并通过资料查找和三维动画观看等方式，认识各类典型的蒸发器，为后续蒸发操作和设备的维护、保养与选型打下坚实基础。工作完成后按照6S现场管理规范清理场地、归置物品、资料归档，并按照环保规定处置废弃物。

二、具体任务

1. 认识现场蒸发器的主要结构，叙述蒸发原理。

2. 认识蒸发辅助设备，知晓其作用。

3. 查找资料、学习其他典型蒸发器的结构及特点。

任务分析与实施

一、任务分析

蒸发器的种类很多，其结构和原理也各有区别，学习各种典型蒸发器的结构和原理，知晓其辅助设备的作用，就能理解各型蒸发器的应用场合，加深理解蒸发器对蒸发过程的作用。建议按照以下步骤完成相关任务。

1. 以实训现场的蒸发装置为对象，完成蒸发器结构、原理，辅助设备及作用的认识。

2. 通过资料查找、图片及三维动画的观看，认识其他典型蒸发器的结构、原理及特点。

二、任务实施

1. 通过实训场地观察蒸发装置的蒸发器，然后查阅资料，写出图4-1中各数字对应的结构。

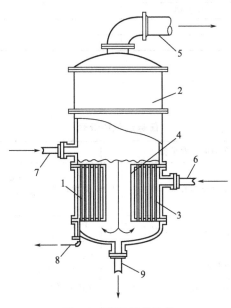

图 4-1　蒸发器的结构

1是_____；

2是_____；

3是_____；

4是_____；

5是_____；

6是_____；

7是_____；

8是_____；

9是_____。

2. 认识蒸发装置的辅助设备，并填表。

辅助设备	作用
分离器	
除沫器	
冷凝器	
真空装置	

3. 简述中央循环蒸发器的原理及特点。

4. 分小组查找资料，观看动画素材，学习各典型蒸发器的结构和原理，并完成下表。

蒸发器名称	分类	结构特点	适用场合
外加热式蒸发器	循环型		
强制循环式			
悬框式蒸发器			

续表

蒸发器名称	分类	结构特点	适用场合
升膜式蒸发器	单程型		
降膜式蒸发器			
刮板薄膜式蒸发器			

任务评价与总结

一、任务过程评价

任务过程评价表

任务名称		认识典型的蒸发设备			评价	
序号	工作步骤	工作要点及技术要求	配分	评价标准	评价结论(合格、基本合格、不合格)严重错误要具体指出!	评分
1	准备工作	正确穿戴劳保用品(服装、安全帽等)	5	不符合要求扣6分		
		工具、材料、记录准备	5	选择正确与否扣1~5分		
2	开车检查	认识蒸发器主体结构的构成(加热室、蒸发室、循环管等)	10	描述准确与否扣1~2分		
		认识蒸发设备物料与加热介质的接口	10	是否有漏项扣相应分		
		认识蒸发器上的检查仪表和阀门	10	是否有漏项扣相应分		
3	认识蒸发器的辅助设备	认识除沫器的结构和作用	5	辅助设备的结构和作用描述错误扣相应的分值		
		认识冷凝器的结构和作用	5			
		认识真空装置	5			
		认识冷凝配水器	5			
4	认识蒸发设备的原理和特点	认识蒸发设备的种类	10	原理和特点描述错误扣相应的分值		
		认识各蒸发设备的原理和特点	10			
		能选择蒸发设备	10			
5	安全及其他	遵守国家法规或企业相关安全规范	安全使用水、电、气,高空作业不伤人、不伤己等安全防范意识、行为	5	违规一次扣2分,严重违规停止操作		
		是否在规定时间内完成	按时完成工作任务	5	超时1小时扣总分5分,超时2小时停止操作		
	合计		100			

注:任务过程评价表中,工作要点及技术要求可根据实际教学过程进行调整;配分项中每一小项的具体配分根据该项在任务实施过程中的重要程度、任务目标等的不同,自行配分;评价标准项不设统一标准,根据任务实施过程中的需要,综合考虑各方面因素而形成。

任课老师: 年 月 日

二、总结与反思

1. 试结合自身任务完成的情况,通过交流讨论等方式学习较全面规范地填写本次任务的工作总结。

2. 其他意见和建议：

任务 3　蒸发装置的开停车操作

姓名		班级		建议学时	
所在组		岗位		成绩	

任务目标

1. 掌握进入实训室的相关要求；
2. 学会规范穿戴劳保用品和常用工具的使用；
3. 能按照企业 6S 管理，施行人员、设备和资料的规范管理；
4. 能阅读工作任务单，明确工时、工作任务等信息，能规范记录、处理工作任务数据，能用语言、文字规范描述工作任务；
5. 团队协作等能力；
6. 掌握蒸发装置的安全操作要点，能按照操作规程进行系统开车；
7. 学会分析处理蒸发操作中的异常现象，维持生产稳定运行；
8. 能按照操作规程对蒸发装置进行正常停车和一般维护；
9. 掌握蒸发过程的基本计算方法，会计算蒸发量、蒸汽消耗量和蒸发效率。

课前准备

一、学习本实训室规章制度，在下表中列出你认为的重点并做出承诺

我承诺：实训期间绝不违反实训室规章制度

承诺人：

二、安全规范及劳保用品

1. 规范穿好工作服：选择长袖、长裤防静电工作服，领口、袖口系紧。

2. 正确佩戴安全帽。

3. 正确佩戴防护口罩：根据干燥现场物料情况选择合适口罩。常有挥发性气体污染物和粉尘污染物，可佩戴防尘防毒口罩等。

4. 正确佩戴护目镜及耳塞：正确佩戴防护镜，检查防护镜，看是否出现材料老化、变质、针孔、裂纹，以及其他机械损伤，如发现上述情况立即停止使用。

5. 其他劳保用品：戴好防护手套和穿好防滑鞋。

6. 安全注意事项：严防滑倒、触电、烫伤及机械伤害，严格按照操作规程要求检查。

一、任务描述

以小组为单位，按照实训场地规章制度要求，做好准备。根据划分岗位，按照操作规程要求，依次完成对蒸发装置的开车检查、物料准备、开车、正常运行和正常停车操作，工作完成后按照 6S 现场管理规范清理场地、归置物品、资料归档，并按照环保规定处置废弃物。熟练掌握相关技能后，小组成员互换轮岗。

二、具体任务

1. 正确规范操作蒸发装置，实现系统开车。

2. 分析处理生产过程中的异常现象，维持生产稳定运行，完成生产任务。

3. 生产完成后，对蒸发装置进行正常停车。

任务分析与实施

一、任务分析

本任务是以实际的生产任务为驱动，小组成员对应各自岗位操作员，按照生产规程完成对原料的蒸发浓缩。通过对蒸发装置进行开车检查、正常开车、正常运行、正常停车等四个环节的完整操作，学习和训练现场工控岗位、化工仪表岗位、远程控制岗位的生产技能。建议按以下步骤完成。

1. 小组共同熟悉场地、装置及生产操作任务及安全操作规程，然后进行岗位划分，明确岗位职责，共同讨论制订生产方案。

2. 按照生产规范要求，规范进行开车准备、开车、正常运行、正常停车及后处理，并做好生产记录。

3. 讨论、总结生产操作过程中的不足，制订改进措施或列出注意事项。

二、任务实施

1. 熟读蒸发操作规程，明确生产任务和各工艺控制指标。

（1）本次生产原料组成：_____，浓度为：_____。

（2）熟悉各项工艺指标，完成下表的填写。

工艺指标		参数值（范围）
压力控制	系统真空度	
温度控制	加热器出口温度	
	蒸发器顶部物料温度	
	冷却器出口液体温度	
流量控制	物料进料流量	
	冷却器冷却水流量	
液位控制	原料罐液位	
	冷凝罐液位	

注：如果以上工艺指标有位号，请在参数值前注明对应位号。

2. 列举开车检查对象，逐一进行开车检查并记录检查情况。

序号	检查要点	检查情况	检查者
1			
2			
3			
4			
5			
...			

3. 按照操作规程进行蒸发的开车、正常运行和正常停车，并做好记录。

序号	时间	加热蒸汽开度/%	加热器出口温度/℃	系统压力/kPa	蒸发器出口温度/℃	进料流量/(L/h)	二次汽温度/℃	冷凝液温度/℃	冷却水流量/(L/h)	原料罐液位/mm	冷凝液罐液位/mm
1											
2											
3											
4											
5											
6											
原料浓度：						产品浓度：					
异常情况记录：											
操作人：						操作日期					

任务评价与总结

一、任务过程评价

任务过程评价表

任务名称		蒸发装置的开停车操作			评价		
序号	工作步骤	工作要点及技术要求	配分	评价标准	评价结论(合格、基本合格、不合格)严重错误要具体指出!		评分
1	入场准备	正确穿戴劳保用品(服装、安全帽等)	5	不符合要求扣5分			
		工具、材料、记录准备	5	选择正确与否扣1~5分			
2	开车检查	(1)为确保开机生产安全,各效罐在启用前应给汽鼓、汽室试水压,确认无漏才能投入使用	2	是否漏检,1~3、5、6漏检一项扣除全部分值,4项漏检一处扣2分			
		(2)认真检查加热室是否有水,避免在通入蒸汽时剧热,或水击引起蒸发器的整体剧振	2				
		(3)检查蒸发器玻璃视镜,如有破裂应立即更换	2				
		(4)检查各效罐的物料、蒸汽和水等管道、阀门开关是否灵活,调节好启用罐阀门	10				
		(5)开启废汽管疏水阀	2				
		(6)检查冷凝器用水供给是否正常,并检查真空管路,无异常情况即可准备开机	2				

续表

任务名称		蒸发装置的开停车操作			评价	
序号	工作步骤	工作要点及技术要求	配分	评价标准	评价结论(合格、基本合格、不合格)严重错误要具体指出!	评分
3	正常开车	(1)进料	按照操作规程要求,依次开启物料管出口阀、输送泵、进料阀,向蒸发器送入规定液位的物料	5	根据是否符合操作规程扣除相应分值,严重违规扣除全部分值	
		(2)启动加热蒸汽和冷凝水系统	微微打开蒸发器蒸汽调节阀,略开壳程放空阀,当有不凝气体或蒸汽排除时,关闭放空阀,同时开启冷凝水出口阀,将冷凝水排至冷凝液受槽;逐渐加大蒸汽调节阀至规定值,设为自动	5	根据是否符合操作规程扣除相应分值,严重违规扣除全部分值	
		(3)启动真空系统	根据工艺要求,开启真空泵	5	根据是否符合操作规程扣除相应分值,严重违规扣除全部分值	
4	正常运行	(1)记录相关数据	进料量、出料量、蒸汽量、冷凝水用量、蒸发器压力等数据	10	漏记1项扣2分,0分为止	
		(2)维持正常运行	保持蒸发器压力(真空度)稳定;保持蒸发器液面稳定;保持各种阀门稳定;保持进汽稳定;保持抽汽器稳定;做好相关设备运行记录	12	整个过程中无巡视、无运行记录行为各扣2分	
5	正常停车	当原料全部进入蒸发器后,关闭蒸汽阀和进料阀,并开大出料阀,停用冷凝水,打开蒸发器放空阀解除真空;最后将蒸发器残余原料液排至下一工序;待残余料液排完后,用清水清洗蒸发器并排走		10	违规1项扣2分,严重违规扣5分,总分可为负分!	
6	异常停车	在蒸发过程中如出现物料、蒸汽外泄,管路阀门堵塞,蒸发器视镜破裂等情况时,需紧急停车	(1)用最快方式切断加热蒸汽,避免料液温度过高	15	出现异常须及时报告,不报告私自处理扣8分!	
			(2)在停止进料安全的情况下,用最快的方式停止进料			
			(3)在破坏真空的安全条件下,打开放空阀,打破真空,停止蒸发操作			
			(4)小心清理热物料,避免造成伤亡事故			

续表

任务名称		蒸发装置的开停车操作			评价	
序号	工作步骤	工作要点及技术要求	配分	评价标准	评价结论(合格、基本合格、不合格)严重错误要具体指出！	评分
7	安全及其他	遵守国家法规或企业相关安全规范	安全使用水、电、气,高空作业不伤人、不伤己等安全防范意识、行为	5	违规一次扣5分,严重违规停止操作		
		是否在规定时间内完成	按时完成工作任务	3	超时1小时扣总分5分,超时2小时停止操作		
合计			100			

注：任务过程评价表中，工作要点及技术要求可根据实际教学过程进行调整；配分项中每一小项的具体配分根据该项在任务实施过程中的重要程度、任务目标等的不同，自行配分；评价标准项不设统一标准，根据任务实施过程中的需要，综合考虑各方面因素而形成。

任课老师：　　　　年　月　日

二、总结与反思

1. 试结合自身任务完成的情况，通过交流讨论等方式学习较全面规范地填写本次任务的工作总结。

....

....

....

2. 其他意见和建议：

....

....

....

项目 5

操作连续吸收装置

项目5.1 认识填料吸收塔

任务1 认识吸收过程

姓名		班级		建议学时	
所在组		岗位		成绩	

任务目标

1. 掌握进入实训室的相关要求；
2. 学会规范穿戴劳保用品和常用工具的使用；
3. 能按照企业 6S 管理，实行人员、设备和资料的规范管理；
4. 能阅读工作任务单，明确工时、工作任务等信息，能规范记录、处理工作任务数据，能用语言、文字规范描述工作任务；
5. 团队协作等能力；
6. 通过对工业生产中不同吸收过程的认识，了解吸收过程的操作条件；
7. 能绘制简单的吸收流程及吸收解吸联合流程。

课前准备

一、学习本实训室规章制度，在下表中列出你认为的重点并做出承诺

....

....

....

我承诺：实训期间绝不违反实训室规章制度

承诺人：

二、安全规范及劳保用品

1. 规范穿好工作服（根据岗位需要列出并明确穿戴规范）。
2. 正确佩戴安全帽。
3. 正确佩戴防护口罩（如果需要请列出并明确佩戴规范）。
4. 正确佩戴护目镜及耳塞（如果需要请列出并明确佩戴规范）。
5. 其他劳保用品（如果需要请列出并明确佩戴规范）。
6. 安全注意事项（根据岗位需要明确相应规范）。

三、写出常见工具、量具、器具名称和使用规范

名称	规格	规范使用方法

续表

名称	规格	规范使用方法

一、任务描述

学生在接受老师指定的工作任务后，了解工作场地的环境、设备管理要求，穿着符合劳保要求的服装，在老师的指导下，通过资料查询和吸收解吸生产实例，学习不同的吸收流程。

工作完成后按照 6S 现场管理规范清理场地、归置物品、资料归档，并按照环保规定处置废弃物。

二、具体任务

1. 认识吸收塔、解吸塔。

2. 认识工业生产中的吸收过程。

3. 了解吸收过程中不同换热器的作用。

4. 总结吸收过程进行的条件。

一、任务分析

在学习吸收过程前，学生必须掌握吸收解吸的依据、目的、流程等，建议按照以下步骤完成相关任务。

1. 查阅相关书籍和资料，了解吸收操作在化工生产中的应用。

2. 查阅相关书籍和资料，掌握吸收的目的及其原理；了解为什么要对吸收液进行解吸。

二、任务实施

1. 认识工业生产上的吸收过程

（1）画出吸收过程的流程图，并标明各设备的名称。

（2）画出带有吸收剂再生的吸收过程的流程图。

（3）画出两塔串联的吸收过程的流程图。

（4）画出吸收解吸联合流程图。

2. 写出吸收、解吸过程的条件，说明吸收解吸过程中各换热器的作用。

任务评价与总结

一、任务过程评价

任务过程评价表

任务名称		认识吸收过程			评价	
序号	工作步骤	工作要点及技术要求	配分	评价标准	评价结论(合格、基本合格、不合格)严重错误要具体指出!	评分
1	准备工作	穿戴劳保用品				
		工具、材料、记录准备				
2	认识吸收过程	认识吸收塔、解吸塔				
		认识工业生产中的吸收过程				
		认识吸收过程中的换热器及各个换热器的作用				
		总结归纳出吸收操作的条件				
3	文明操作	安全、文明作业,各种工具摆放整齐、用完整理归位				
4	安全及其他	遵守国家法规或企业相关安全规范	安全使用水、电、气,高空作业不伤人、不伤己等安全防范意识、行为			
		是否在规定时间内完成				
合计						

注:任务过程评价表中,工作要点及技术要求可根据实际教学过程进行调整;配分项中每一小项的具体配分根据该项在任务实施过程中的重要程度、任务目标等的不同,自行配分;评价标准项不设统一标准,根据任务实施过程中的需要,综合考虑各方面因素而形成。

任课老师: 年 月 日

二、总结与反思

1. 试结合自身任务完成的情况,通过交流讨论等方式学习较全面规范地填写本次任务的工作总结。

....

....

....

2. 其他意见和建议:

....

....

....

任务2 认识各种吸收设备

姓名		班级		建议学时	
所在组		岗位		成绩	

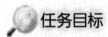

任务目标

1. 掌握进入实训室的相关要求；
2. 学会规范穿戴劳保用品和常用工具的使用；
3. 能按照企业 6S 管理，实行人员、设备和资料的规范管理；
4. 能阅读工作任务单，明确工时、工作任务等信息，能规范记录、处理工作任务数据，能用语言、文字规范描述工作任务；
5. 团队协作等能力；
6. 通过对工业生产中不同吸收装置的认识，重点学习填料吸收塔的基本结构、工作原理及特点；
7. 认识不同类型的填料，了解填料的堆砌方式及装填方法；
8. 认识其他类型的吸收设备；
9. 掌握吸收解吸的原理。

课前准备

一、学习本实训室规章制度，在下表中列出你认为的重点并做出承诺

....

....

....

我承诺：实训期间绝不违反实训室规章制度

承诺人：

二、安全规范及劳保用品

1. 规范穿好工作服（根据岗位需要列出并明确穿戴规范）。

2. 正确佩戴安全帽。

3. 正确佩戴防护口罩（如果需要请列出并明确佩戴规范）。

4. 正确佩戴护目镜及耳塞（如果需要请列出并明确佩戴规范）。

5. 其他劳保用品（如果需要请列出并明确佩戴规范）。

6. 安全注意事项（根据岗位需要明确相应规范）。

三、写出常见工具、量具、器具名称和使用规范

名称	规格	规范使用方法

一、任务描述

学生在接受老师指定的工作任务后，了解工作场地的环境、设备管理要求，穿着符合劳保要求的服装，在老师的指导下，通过资料查询和吸收生产实例，认识填料吸收塔及不同类型的填料，掌握吸收操作的目的及其特点、原理，为吸收生产做好理论准备。

工作完成后按照6S现场管理规范清理场地、归置物品、资料归档，并按照环保规定处置废弃物。

二、具体任务

1. 认识填料吸收塔。

2. 认识不同类型的填料，了解填料的堆砌方式及装填方法。

3. 认识不同类型的吸收设备。

一、任务分析

在对吸收解吸进行操作前，学员必须掌握吸收解吸的目的、原理、特点等，建议按照以下步骤完成相关任务。

1. 查阅相关书籍和资料，认识填料吸收塔的结构。

2. 查阅相关书籍和资料，认识不同类型的填料（包括近些年研制出的新型的填料）。

3. 查阅相关书籍和资料，认识不同类型的吸收设备。

二、任务实施

1. 认识填料塔的结构

请在下表中写出填料塔主体结构及其内部构件的名称及作用。

序号	名称	作用	备注
1			
2			
3			
4			
5			
6			
7			
8			
9			
10			
11			

2. 认识各种类型的填料

（1）工业上常见的填料有哪些类型？各有什么优缺点？

（2）填料的堆砌方式有哪些？分别在什么情况下使用？

（3）作为吸收过程的填料必须具备哪些条件？

3. 工业生产上常见的吸收设备有哪些？各有什么优缺点？

任务评价与总结

一、任务过程评价

任务过程评价表

任务名称		认识各种吸收设备			评价	
序号	工作步骤	工作要点及技术要求	配分	评价标准	评价结论（合格、基本合格、不合格）严重错误要具体指出！	评分
1	准备工作	穿戴劳保用品				
		工具、材料、记录准备				
2	认识填料吸收塔	认识填料吸收塔				
		认识不同类型的填料				
		了解填料在塔内的堆积方式				
3	认识不同的吸收设备	认识表面吸收器				
		认识喷洒式吸收器				
		认识湍球塔				
4	文明操作	安全、文明使用各种工具、摆放整齐、用完整理归位				
5	安全及其他	遵守国家法规或企业相关安全规范 安全使用水、电、气,高空作业不伤人、不伤己等安全防范意识、行为				
		是否在规定时间内完成				
合计						

注：任务过程评价表中，工作要点及技术要求可根据实际教学过程进行调整；配分项中每一小项的具体配分根据该项在任务实施过程中的重要程度、任务目标等的不同，自行配分；评价标准项不设统一标准，根据任务实施过程中的需要，综合考虑各方面因素而形成。

任课老师：　　　　年 月 日

二、总结与反思

1. 试结合自身任务完成的情况，通过交流讨论等方式学习较全面规范地填写本次任务的工作总结。

....
....
....

2. 其他意见和建议：

....
....
....

项目 5.2　操作连续吸收解吸装置

任务 1　认识吸收解吸装置

姓名		班级		建议学时	
所在组		岗位		成绩	

任务目标

1. 掌握进入实训室的相关要求；
2. 学会规范穿戴劳保用品和常用工具的使用；
3. 能按照企业 6S 管理，实行人员、设备和资料的规范管理；
4. 能阅读工作任务单，明确工时、工作任务等信息，能规范记录、处理工作任务数据，能用语言、文字规范描述工作任务；
5. 团队协作等能力；
6. 通过对工业生产中不同吸收装置的认识，了解吸收解吸的工艺流程，能熟练叙述且能绘制出简单的工艺流程图；
7. 认识吸收解吸装置中各类设备的名称及其作用；
8. 认识吸收解吸装置中不同类型的阀门及其作用。

课前准备

一、学习本实训室规章制度，在下表中列出你认为的重点并做出承诺

....

....

....

我承诺：实训期间绝不违反实训室规章制度

承诺人：

二、安全规范及劳保用品

1. 规范穿好工作服（根据岗位需要列出并明确穿戴规范）。
2. 正确佩戴安全帽。
3. 正确佩戴防护口罩（如果需要请列出并明确佩戴规范）。
4. 正确佩戴护目镜及耳塞（如果需要请列出并明确佩戴规范）。
5. 其他劳保用品（如果需要请列出并明确佩戴规范）。
6. 安全注意事项（根据岗位需要明确相应规范）。

三、写出常见工具、量具、器具名称和使用规范

名称	规格	规范使用方法

一、任务描述

学生在接受老师指定的工作任务后，了解工作场地的环境、设备管理要求，穿着符合劳保要求的服装，在老师的指导下，通过资料查询，认识吸收解吸装置的工艺流程，能熟练叙述且能绘制出简单的工艺流程图。

认识吸收解吸装置中各类设备、阀门的名称及其作用。工作完成后按照 6S 现场管理规范清理场地、归置物品、资料归档，并按照环保规定处置废弃物。

二、具体任务

1. 认识吸收解吸装置的工艺流程，能熟练叙述且能绘制出简单的工艺流程图。

2. 认识吸收解吸装置中各类设备的名称及其作用。

3. 认识不同类型的阀门及其作用。

一、任务分析

在对吸收解吸进行操作前，学员必须认识吸收解吸装置的工艺流程，认识流程中各类设备及阀门的名称。建议按照以下步骤完成相关任务。

1. 查阅相关书籍和资料，了解吸收解吸装置的工艺流程。

2. 查阅相关书籍和资料，认识各类不同设备及阀门。

二、任务实施

1. 写出吸收解吸流程中各类设备的名称

请在下表中写出吸收解吸装置中各类设备的名称。

序号	名称	备注
1		塔设备
2		
3		罐类设备
4		
5		
6		
7		
8		动力设备
9		
10		
11		

2. 请根据教材中的流程图写出吸收解吸过程的详细流程

吸收过程流程：

解吸过程流程：

3. 请绘制出吸收解吸的工艺流程图

任务评价与总结

一、任务过程评价

任务过程评价表

任务名称		认识吸收解吸装置			评价	
序号	工作步骤	工作要点及技术要求	配分	评价标准	评价结论（合格、基本合格、不合格）严重错误要具体指出！	评分
1	准备工作	穿戴劳保用品				
		工具、材料、记录准备				
2	认识吸收解吸装置的工艺流程	认识吸收过程的流程				
		认识解吸过程的流程				
		能熟练叙述吸收解吸的流程				
		能根据实训情况说明吸收解吸的原理				
3	认识不同的设备及阀门	认识罐类设备、泵及风机				
		认识吸收塔、解吸塔及塔内填料				
		认识各个不同类型的阀门				
4	文明操作	安全、文明作业，各种工具摆放整齐，用完整理归位				
5	安全及其他	遵守国家法规或企业相关安全规范 / 安全使用水、电、气，高空作业不伤人、不伤己等安全防范意识、行为				
		是否在规定时间内完成				
合计						

注：任务过程评价表中，工作要点及技术要求可根据实际教学过程进行调整；配分项中每一小项的具体配分根据该项在任务实施过程中的重要程度、任务目标等的不同，自行配分；评价标准项不设统一标准，根据任务实施过程中的需要，综合考虑各方面因素而形成。

任课老师：　　　　　年　月　日

二、总结与反思

1. 试结合自身任务完成的情况，通过交流讨论等方式学习较全面规范地填写本次任务的工作总结。

....

....

....

2. 其他意见和建议：

....

....

....

任务 2　学习连续吸收解吸装置操作过程

姓名		班级		建议学时	
所在组		岗位		成绩	

任务目标

1. 掌握进入实训室的相关要求；
2. 学会规范穿戴劳保用品和常用工具的使用；
3. 能按照企业 6S 管理，实行人员、设备和资料的规范管理；
4. 能阅读工作任务单，明确工时、工作任务等信息，能规范记录、处理工作任务数据，能用语言、文字规范描述工作任务；
5. 团队协作等能力；
6. 通过对吸收解吸装置进行操作，熟练掌握开、停车操作、正常工况维持；
7. 能及时判断事故并正确进行处理；
8. 能对操作过程中的数据进行正确记录及处理。

课前准备

一、学习本实训室规章制度，在下表中列出你认为的重点并做出承诺

．．．

．．．

．．．

我承诺：实训期间绝不违反实训室规章制度

承诺人：

二、安全规范及劳保用品

1. 规范穿好工作服（根据岗位需要列出并明确穿戴规范）。
2. 正确佩戴安全帽。
3. 正确佩戴防护口罩（如果需要请列出并明确佩戴规范）。
4. 正确佩戴护目镜及耳塞（如果需要请列出并明确佩戴规范）。
5. 其他劳保用品（如果需要请列出并明确佩戴规范）。
6. 安全注意事项（根据岗位需要明确相应规范）。

三、写出常见工具、量具、器具名称和使用规范

名称	规格	规范使用方法

一、任务描述

学生在接受老师指定的工作任务后，了解工作场地的环境、设备管理要求，穿着符合劳保要求的服装，在老师的指导下，通过资料查询，熟练掌握吸收解吸操作过程的开停车操作步骤；在操作过程中出现事故要能够正确、及时判断并进行处理；工作完成后按照6S现场管理规范清理场地、归置物品、资料归档，并按照环保规定处置废弃物。

二、具体任务

1. 开车前准备工作。
2. 开、停车工作。
3. 正常操作及正常运行过程中的事故处理。
4. 正确进行数据的记录及处理工作。
5. 设备维护及工业卫生和劳动保护。

一、任务分析

在对吸收解吸进行操作前，必须熟练掌握各个操作步骤。建议按照以下步骤完成相关任务：

1. 查阅相关书籍和资料，掌握开停车的操作步骤，结合现场设备多次模拟操作；
2. 查阅相关书籍和资料，掌握操作过程中可能出现的事故，并对这些事故出现的情况进行描述，写出处理这些事故的方法。

二、任务实施

1. 写出开车前的准备工作
2. 写出开车步骤
3. 写出停车步骤
4. 填写填料吸收塔在操作过程中常见异常现象发生的原因及处理方法

填料吸收塔常见的异常现象	发生原因	处理方法
出塔气体中吸收质含量过高		
出塔气带液		
吸收剂用量突然降低		
塔内压差过大		
吸收塔液位波动		
风机有异声		

5. 至少写出两个故障的名称，并说明如何能够及时发现这些事故及事故出现时正确的处理方法。

任务评价与总结

一、任务过程评价

任务过程评价表

任务名称		学习连续吸收解吸装置操作过程			评价	
序号	工作步骤	工作要点及技术要求	配分	评价标准	评价结论（合格、基本合格、不合格）严重错误要具体指出！	评分
1	准备工作	穿戴劳保用品				
		工具、材料、记录准备				
2	开车前准备工作	对整套装置进行检查				
		对仪表、设备、阀门的检查				
		水、电的检查				
3	开、停车操作	能正确进行开车、停车操作				
		能进行正常停车及紧急停车操作				
4	正常操作及正常运行过程中的事故处理	能正确有效地对吸收解吸过程进行操作				
		能对出现的意外事故进行正确的判断并进行正确处理				
5	数据记录及处理	能正确、规范、如实地记录操作过程中的数据				
		能对记录的数据进行正确处理				
6	文明操作	安全、文明作业，各种工具摆放整齐，用完整理归位				
7	安全及其他	遵守国家法规或企业相关安全规范	安全使用水、电、气,高空作业不伤人、不伤己等安全防范意识、行为				
		是否在规定时间内完成				
合计						

注：任务过程评价表中，工作要点及技术要求可根据实际教学过程进行调整；配分项中每一小项的具体配分根据该项在任务实施过程中的重要程度、任务目标等的不同，自行配分；评价标准项不设统一标准，根据任务实施过程中的需要，综合考虑各方面因素而形成。

任课老师：　　　　年　月　日

二、总结与反思

1. 试结合自身任务完成的情况，通过交流讨论等方式学习较全面规范地填写本次任务的工作总结。

....

....

....

2. 其他意见和建议：

....

....

....

任务 3　学习吸收过程运行状况

姓名		班级		建议学时	
所在组		岗位		成绩	

任务目标

1. 掌握进入实训室的相关要求；
2. 学会规范穿戴劳保用品和常用工具的使用；
3. 能按照企业 6S 管理，实行人员、设备和资料的规范管理；
4. 能阅读工作任务单，明确工时、工作任务等信息，能规范记录、处理工作任务数据，能用语言、文字规范描述工作任务；
5. 团队协作等能力；
6. 通过学习，了解吸收过程的运行状况；
7. 深入了解影响吸收速率的因素。

课前准备

一、学习本实训室规章制度，在下表中列出你认为的重点并做出承诺

....

....

....

我承诺：实训期间绝不违反实训室规章制度

承诺人：

二、安全规范及劳保用品

1. 规范穿好工作服（根据岗位需要列出并明确穿戴规范）。
2. 正确佩戴安全帽。
3. 正确佩戴防护口罩（如果需要请列出并明确佩戴规范）。
4. 正确佩戴护目镜及耳塞（如果需要请列出并明确佩戴规范）。
5. 其他劳保用品（如果需要请列出并明确佩戴规范）。
6. 安全注意事项（根据岗位需要明确相应规范）。

三、写出常见工具、量具、器具名称和使用规范

名称	规格	规范使用方法

任务描述

一、任务描述

学生在接受老师指定的工作任务后，了解工作场地的环境、设备管理要求，穿着符合劳

保要求的服装，在老师的指导下，通过资料查询，熟练掌握吸收解吸操作过程的开停车操作步骤；在操作过程中出现事故要能够正确、及时判断并进行处理；工作完成后按照 6S 现场管理规范清理场地、归置物品、资料归档，并按照环保规定处置废弃物。

二、具体任务

1. 通过学习，了解吸收过程的运行状况。

2. 深入了解影响吸收速率的因素。

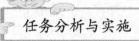

任务分析与实施

一、任务分析

在对吸收解吸进行操作前，必须熟练掌握各个操作步骤。建议按照以下步骤完成相关任务。

1. 查阅相关书籍和资料，了解温度、压力、气流速度、喷淋密度对吸收过程的影响。

2. 查阅相关书籍和资料，了解吸收剂选择的条件。

3. 归纳整理影响吸收速率的因素。

二、任务实施

1. 请从温度、压力、气流速度、喷淋密度四个方面分析吸收操作的条件。

2. 吸收剂吸收时应考虑哪些方面的因素？

3. 生产上如何确定吸收剂的用量？

4. 请分析说明影响吸收速率的因素。

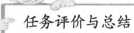

任务评价与总结

一、任务过程评价

任务过程评价表

任务名称		学习吸收进程运行状况			评价	
序号	工作步骤	工作要点及技术要求	配分	评价标准	评价结论(合格、基本合格、不合格)严重错误要具体指出！	评分
1	准备工作	复习任务 2 相关知识,预习本任务内容、查阅相关资料				
		穿戴劳保用品;工具、材料、记录准备				
2	了解吸收过程正常运行条件	吸收过程的操作条件				
		吸收剂用量对吸收过程的影响				
3	了解影响吸收速率的因素	气、液膜控制				
		吸收推动力				
		气液接触面积				
4	文明操作	安全、文明作业,各种工具摆放整齐,用完整理归位				
5	安全及其他	遵守国家法规或企业相关安全规范	安全使用水、电、气,高空作业不伤人、不伤己等安全防范意识、行为			
		是否在规定时间内完成				
合计						

注：任务过程评价表中，工作要点及技术要求可根据实际教学过程进行调整；配分项中每一小项的具体配分根据该项在任务实施过程中的重要程度、任务目标等的不同，自行配分；评价标准项不设统一标准，根据任务实施过程中的需要，综合考虑各方面因素而形成。

任课老师：　　　　年　月　日

二、总结与反思

　　1. 试结合自身任务完成的情况，通过交流讨论等方式学习较全面规范地填写本次任务的工作总结。

....

....

....

　　2. 其他意见和建议：

....

....

....

项目 5.3　吸收解吸装置仿真操作训练

任务　吸收解吸单元操作仿真训练

姓名		班级		建议学时	
所在组		岗位		成绩	

任务目标

1. 掌握进入实训室的相关要求；
2. 学会规范穿戴劳保用品和常用工具的使用；
3. 能按照企业 6S 管理，实行人员、设备和资料的规范管理；
4. 能阅读工作任务单，明确工时、工作任务等信息，能规范记录、处理工作任务数据，能用语言、文字规范描述工作任务；
5. 通过对吸收解吸装置进行仿真操作训练，熟悉吸收系统、解吸系统的现场图、DCS 图；掌握开停车操作及事故处理过程。

课前准备

一、学习本实训室规章制度，在下表中列出你认为的重点并做出承诺

....

....

....

　　　　　　　　　　　　　我承诺：实训期间绝不违反实训室规章制度

　　　　　　　　　　　　　　　　　　　　　承诺人：

二、安全规范及劳保用品

　　1. 规范穿好工作服（根据岗位需要列出并明确穿戴规范）。

2. 正确佩戴安全帽。

3. 正确佩戴防护口罩（如果需要请列出并明确佩戴规范）。

4. 正确佩戴护目镜及耳塞（如果需要请列出并明确佩戴规范）。

5. 其他劳保用品（如果需要请列出并明确佩戴规范）。

6. 安全注意事项（根据岗位需要明确相应规范）。

任务描述

一、任务描述

学生在接受老师指定的工作任务后，了解工作场地的环境、设备管理要求，穿着符合劳保要求的服装，在老师的指导下，通过资料查询，认识吸收解吸仿真系统，能熟练运用电脑进行操作；工作完成后按照 6S 现场管理规范清理场地、归置物品、资料归档，并按照环保规定处置废弃物。

二、具体任务

1. 认识仿真系统中吸收解吸的设备及现场阀门。

2. 认识吸收解吸的 DCS 操作系统。

3. 能对吸收解吸仿真系统进行开、停车，正常运行及维护的操作。

4. 操作过程中能及时发现事故并进行正确处理。

任务分析与实施

一、任务分析

在对吸收解吸进行操作前，学员必须认识吸收解吸装置的工艺流程，认识流程中各类设备及阀门的名称。建议按照以下步骤完成相关任务。

1. 查阅相关书籍和资料，了解吸收解吸装置的工艺流程。

2. 查阅相关书籍和资料，认识各类不同设备及阀门。

二、任务实施

1. 画出与仿真系统相一致的吸收系统的现场图，并写出各个设备的名称。

2. 画出与仿真系统相一致的解吸系统的现场图，并写出各个设备的名称。

3. 写出开停车操作的主要步骤。

4. 操作过程中，你是如何发现事故并及时处理的？

任务评价与总结

一、任务过程评价

任务过程评价表

任务名称		吸收解吸单元操作仿真训练			评价	
序号	工作步骤	工作要点及技术要求	配分	评价标准	评价结论（合格、基本合格、不合格）严重错误要具体指出！	评分
1	准备工作	穿戴劳保用品				
		工具、材料、记录准备				

续表

任务名称		吸收解吸单元操作仿真训练		评价		
序号	工作步骤	工作要点及技术要求	配分	评价标准	评价结论（合格、基本合格、不合格）严重错误要具体指出！	评分
2	认识吸收解吸装置	认识吸收、解吸系统的现场图				
		认识吸收、解吸系统的DCS图				
		认识吸收、解吸系统现场图、DCS图中所有的阀门及设备				
3	吸收解吸系统仿真操作	开车操作、停车操作				
		正常运行与维护				
		事故处理				
4	文明操作	安全、文明作业,各种工具摆放整齐、用完整理归位				
5	安全及其他	遵守国家法规或企业相关安全规范	安全使用水、电、气,高空作业不伤人、不伤己等安全防范意识、行为			
		是否在规定时间内完成				
合计						

注：任务过程评价表中，工作要点及技术要求可根据实际教学过程进行调整；配分项中每一小项的具体配分根据该项在任务实施过程中的重要程度、任务目标等的不同，自行配分；评价标准项不设统一标准，根据任务实施过程中的需要，综合考虑各方面因素而形成。

任课老师：　　　年　月　日

二、总结与反思

1. 试结合自身任务完成的情况，通过交流讨论等方式学习较全面规范地填写本次任务的工作总结。

2. 其他意见和建议：

项目 **6**

操作膨胀式制冷装置

任务1 认识膨胀式制冷装置

姓名		班级		建议学时	
所在组		岗位		成绩	

 任务目标

1. 掌握进入实训室的相关要求；
2. 学会规范穿戴劳保用品和常用工具的使用；
3. 能按照企业6S管理，施行人员、设备和资料的规范管理；
4. 能阅读工作任务单，明确工时、工作任务等信息，能规范记录、处理工作任务数据，能用语言、文字规范描述工作任务；
5. 团队协作等能力；
6. 能正确标识设备和阀门的位号；
7. 能正确标识各测量仪表；
8. 学会识读和绘制认识膨胀式制冷装置的流程图。

 任务描述

一、任务描述

学生在接受老师指定的工作任务后，了解工作场地的环境、设备管理要求，穿着符合劳保要求的服装，在老师的指导下，通过资料查询制冷生产实例，掌握冷冻的工业用途及原理，通过对现场制冷装置设备及流程的学习与认识，为制冷生产做好基础准备。工作完成后按照6S现场管理规范清理场地、归置物品、资料归档，并按照环保规定处置废弃物。

二、具体任务

1. 认识冷冻的工业用途及原理。
2. 识别冷冻装置的主要设备和调节仪表。
3. 摸清冷冻装置各管线流程，识读和绘制冷冻工艺流程图。

任务分析与实施

一、任务分析

认识冷冻基本工艺过程是操作工应具备的基本能力。认识冷冻的工作过程，包括认识冷冻的主要设备、仪表、管线流程。建议以小组为单位，按照以下步骤完成相关任务。

1. 查阅相关书籍和资料，学习冷冻的工业用途和原理及常见流程。
2. 在实训现场，认识冷冻装置的主要构成及工艺流程，各管线物料走向等。
3. 识读和绘制冷冻装置的工艺流程图，强化对冷冻基本工艺过程的记忆和理解。

二、任务实施

1. 查阅相关资料，简述化工生产中有哪些制冷方式。

2. 简述膨胀式制冷的基本过程。

3. 在实训现场，结合装置操作规程与工艺流程图，识别冷冻装置主要设备构成，完成下表。

设备名称	位号	设备作用

4. 对照 PID 图，找出本冷冻装置的各类仪表和检测器，并明确其位号、监测点，然后完成下表。

位号	仪表或监测类型	监测工艺点

5. 对照装置工艺流程图，通过现场查走，摸清各管线的物料流向，并画流程框图。

任务评价与总结

一、任务过程评价

任务过程评价表

任务名称		认识膨胀式制冷装置				评价	
序号	工作步骤	工作要点及技术要求			配分评价标准	评价结论(合格、基本合格、不合格)严重错误要具体指出!	评分
1	准备工作	穿戴劳保用品					
		工具、材料、记录准备					
2	制冷技术的发展及应用	制冷技术的发展					
		工业制冷方式					
		制冷技术的应用					
3	认识制冷装置	认识蒸汽压缩式制冷装置	制冷系统				
			制冷流程				
			制冷剂				
			冷冻能力计算方法				
		认识其他制冷装置	吸收式制冷				
			吸附式制冷				
			热电制冷(半导体制冷)				

续表

任务名称		认识膨胀式制冷装置			评价	
序号	工作步骤	工作要点及技术要求		配分	评价标准	评价结论（合格、基本合格、不合格）严重错误要具体指出！	评分
4	使用工具、量具、器具	使用工具、量具、器具	正确选择、规范安全使用				
		维护工具、量具、器具	安全、文明作业，各种工具摆放整齐、用完整理归位				
5	安全及其他	遵守国家法规或企业相关安全规范	安全使用水、电、气，高空作业不伤人、不伤己等安全防范意识、行为				
		是否在规定时间内完成	按时完成工作任务				
合计							

注：任务过程评价表中，工作要点及技术要求可根据实际教学过程进行调整；配分项中每一小项的具体配分根据该项在任务实施过程中的重要程度、任务目标等的不同，自行配分；评价标准项不设统一标准，根据任务实施过程中的需要，综合考虑各方面因素而形成。

任课老师：　　　　　年　月　日

二、总结与反思

1. 试结合自身任务完成的情况，通过交流讨论等方式学习较全面规范地填写本次任务的工作总结。

2. 其他意见和建议：

任务 2　学习膨胀式制冷装置操作过程

| 姓名 | | 班级 | | 建议学时 | |
| 所在组 | | 岗位 | | 成绩 | |

任务目标

1. 掌握进入实训室的相关要求；
2. 学会规范穿戴劳保用品和常用工具的使用；
3. 能按照企业 6S 管理，施行人员、设备和资料的规范管理；
4. 能阅读工作任务单，明确工时、工作任务等信息，能规范记录、处理工作任务数据，能用语言、文字规范描述工作任务；
5. 团队协作等能力；
6. 能按照操作规程规范、熟练完成制冷装置的开车、正常操作、停车；
7. 学会观察、判断异常操作现象，并能做出正确处理；
8. 熟悉影响制冷操作的因素。

课前准备

一、学习本实训室规章制度，在下表中列出你认为的重点并做出承诺

....

....

....

我承诺：实训期间绝不违反实训室规章制度

承诺人：

二、安全规范及劳保用品

　　1. 规范穿好工作服（根据岗位需要列出并明确穿戴规范）。

　　2. 正确佩戴安全帽。

　　3. 正确佩戴防护口罩（如果需要请列出并明确佩戴规范）。

　　4. 正确佩戴护目镜及耳塞（如果需要请列出并明确佩戴规范）。

　　5. 其他劳保用品（如果需要请列出并明确佩戴规范）。

　　6. 安全注意事项（根据岗位需要明确相应规范）。

三、写出常见工具、量具、器具名称和使用规范（根据本工作任务，列出其他需要使用的工具并完成表格，前面章节中有的此处不再重复列出）

图片	名称	规范使用方法

任务描述

一、任务描述

　　学生在接受老师指定的工作任务后，了解工作场地的环境、设备管理要求，穿着符合劳保要求的服装，在老师的指导下，掌握膨胀式制冷装置的操作，工作完成后按照 6S 现场管理规范清理场地、归置物品、资料归档，并按照环保规定处置废弃物。

二、具体任务

　　1. 学习规范操作膨胀式制冷装置，实现系统开车。

　　2. 学会处理生产过程中的异常现象，维持生产稳定运行，完成生产任务。

　　3. 学会对膨胀式制冷装置进行正常停车。

任务分析与实施

一、任务分析

　　在操作膨胀式制冷装置前，学员必须了解膨胀式制冷装置的特性，建议按照以下步骤完成相关任务。

　　1. 查阅相关书籍和资料，了解不同类型的制冷装置。

　　2. 通过现场操作，学会膨胀式制冷装置的开车和停车。

3. 通过现场操作，学会辨别膨胀式制冷装置常见故障，并进行处理。

二、任务实施

1. 写出膨胀式制冷装置开车的主要步骤

步骤	主要内容	注意事项
步骤 1		
步骤 2		
步骤 3		

2. 写出膨胀式制冷装置停车的主要步骤

步骤	主要内容	注意事项
步骤 1		
步骤 2		
步骤 3		

3. 写出膨胀式制冷装置在运行过程中可能会遇到的故障，并写出解决方案

编号	故障	解决方案
1		
2		
3		

任务评价与总结

一、任务过程评价

任务过程评价表

任务名称		学习膨胀式制冷装置操作过程			评价	
序号	工作步骤	工作要点及技术要求	配分	评价标准	评价结论(合格、基本合格、不合格)严重错误要具体指出!	评分
1	准备工作	穿戴劳保用品				
		工具、材料、记录准备				
2	开车前准备	检查压缩机				
		检查高、低压系统的有关阀门				
		检查高、低压贮液器的液面				
		检查中间冷却器				
		其他				
3	膨胀式制冷装置开车操作	开车操作				
		正常操作注意事项				
4	膨胀式制冷装置停车操作	正常停车				
		紧急停车				

续表

任务名称		学习膨胀式制冷装置操作过程		评价	
序号	工作步骤	工作要点及技术要求	配分评价标准	评价结论(合格、基本合格、不合格)严重错误要具体指出!	评分
5	事故与处理 (含隐患排查)	压缩机的常见故障及排除			
		制冷系统的常见故障及排除			
6	使用工具、量具、器具	使用工具、量具、器具　正确选择、规范安全使用工具、量具、器具			
		维护工具、量具、器具　安全、文明作业各种工具摆放整齐、用完整理归位			
7	安全及其他	遵守国家法规或企业相关安全规范　安全使用水、电、气,高空作业不伤人、不伤己等安全防范意识、行为			
		是否在规定时间内完成　按时完成工作任务			
合计					

注：任务过程评价表中，工作要点及技术要求可根据实际教学过程进行调整；配分项中每一小项的具体配分根据该项在任务实施过程中的重要程度、任务目标等的不同，自行配分；评价标准项不设统一标准，根据任务实施过程中的需要，综合考虑各方面因素而形成。

任课老师：　　　　年　月　日

二、总结与反思

1. 试结合自身任务完成的情况，通过交流讨论等方式学习较全面规范地填写本次任务的工作总结。

....

....

....

2. 其他意见和建议：

....

....

项目 **7**

操作连续精馏装置

项目 7.1　认识连续精馏装置

任务 1　认识蒸馏装置和简单精馏装置

姓名		班级		建议学时	
所在组		岗位		成绩	

任务目标

1. 掌握进入实训室的相关要求；
2. 学会规范穿戴劳保用品和常用工具的使用；
3. 能按照企业 6S 管理，施行人员、设备和资料的规范管理；
4. 能阅读工作任务单，明确工时、工作任务等信息；能规范记录、处理工作任务数据，能用语言、文字规范描述工作任务；
5. 团队协作等能力；
6. 通过传统自酒蒸馏器、工业生产中的简单蒸馏装置的认识，学习蒸馏装置基本结构、工作原理及特点；
7. 通过简单精馏装置的认识，学习精馏装置基本结构、工作原理及特点；
8. 认识其他类型的精馏塔（浮阀塔、泡罩塔、筛板塔）并掌握精馏原理。

课前准备

一、学习本实训室规章制度，在下表中列出你认为的重点并做出承诺

....

....

....

我承诺：实训期间绝不违反实训室规章制度

承诺人：

二、安全规范及劳保用品

1. 规范穿好工作服（根据岗位需要列出并明确穿戴规范）。
2. 正确佩戴安全帽。
3. 正确佩戴防护口罩（如果需要请列出并明确佩戴规范）。
4. 正确佩戴护目镜及耳塞（如果需要请列出并明确佩戴规范）。
5. 其他劳保用品（如果需要请列出并明确佩戴规范）。
6. 安全注意事项（根据岗位需要明确相应规范）。

三、写出常见工具、量具、器具名称和使用规范

图片	名称	规范使用方法

一、任务描述

学生在接受老师指定的工作任务后，了解工作场地的环境、设备管理要求，穿着符合劳保要求的服装，在老师的指导下，通过资料查询和精馏生产实例，掌握精馏目的及其特点、原理，为精馏生产做好理论准备。工作完成后按照6S现场管理规范清理场地、归置物品、资料归档，并按照环保规定处置废弃物。

二、具体任务

1. 认识传统白酒蒸馏器、工业生产中的简单蒸馏装置。

2. 认识简单精馏装置。

3. 认识其他类型的精馏塔（浮阀塔、泡罩塔、筛板塔）。

一、任务分析

在使用筛板式精馏塔进行精馏操作前，学员必须掌握精馏目的及其特点、原理，建议按照以下步骤完成相关任务。

1. 查阅相关书籍和资料，了解精馏操作在化工生产中的应用、特点、类别。

2. 查阅相关书籍和资料，掌握精馏目的及其原理。

二、任务实施

1. 认识传统生产中的白酒蒸馏装置、工业生产中的简单蒸馏装置并填表

（1）认识传统生产中的白酒蒸馏装置（见图7-1）并填表。

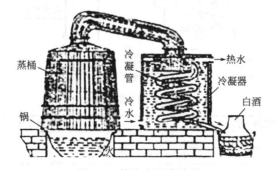

图 7-1 传统白酒蒸馏器

白酒蒸馏设备名称	设备作用
锅	
蒸桶	
冷凝器	

（2）认识工业生产中的简单蒸馏装置（见图 7-2）并填表。

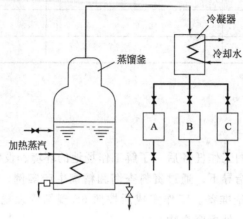

图 7-2　简单蒸馏装置

简单蒸馏装置设备名称	设备作用
蛇管加热器	
蒸馏釜	
冷凝器	
A、B、C 容器	

（3）找出白酒蒸馏装置和简单蒸馏装置有哪些不同。

2. 认识工业生产中的精馏装置（见图 7-3）并填表

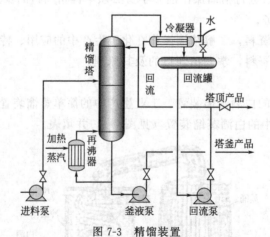

图 7-3　精馏装置

工业生产中精馏装置设备名称	设备作用
进料泵	
再沸器	
精馏塔	
冷凝器	

续表

工业生产中精馏装置设备名称	设备作用
回流罐	
回流泵	
釜液泵	

3. 认识其他类型的精馏塔（浮阀塔、泡罩塔、筛板塔）

（1）不同塔板组成的精馏塔有哪几种？各有什么优缺点？

（2）请总结出精馏的原理。

任务评价与总结

一、任务过程评价

任务过程评价表

任务名称		认识蒸馏装置和简单精馏装置			评价	
序号	工作步骤	工作要点及技术要求	配分	评价标准	评价结论(合格、基本合格、不合格)严重错误要具体指出！	评分
1	准备工作	穿戴劳保用品				
		工具、材料、记录准备				
2	认识蒸馏装置	认识传统白酒蒸馏器				
		认识工业生产中的简单蒸馏装置				
		比较传统白酒蒸馏器、简单蒸馏装置				
3	认识简单精馏装置	工具、场地选择、准备				
		精馏塔、塔釜加热器、换热器、回流罐、产品罐、残液罐等设备认识				
		比较传统白酒蒸馏器、简单蒸馏装置与简单精馏装置				
4	认识其他类型的精馏塔	场地选择、准备				
		泡罩塔的认识				
		筛板塔的认识				
		浮阀塔的认识				
		总结归纳出精馏原理				
		维护工具、量具、器具	安全、文明作业,各种工具摆放整齐,用完整理归位			
5	安全及其他	遵守国家法规或企业相关安全规范	安全使用水、电、气,高空作业不伤人、不伤己等安全防范意识、行为			
		是否在规定时间内完成	按时完成工作任务			
合计						

注：任务过程评价表中，工作要点及技术要求可根据实际教学过程进行调整；配分项中每一小项的具体配分根据该项在任务实施过程中的重要程度、任务目标等的不同，自行配分；评价标准项不设统一标准，根据任务实施过程中的需要，综合考虑各方面因素而形成。

任课老师：　　　　年　月　日

二、总结与反思

1. 试结合自身任务完成的情况，通过交流讨论等方式学习较全面规范地填写本次任务的工作总结。

2. 其他意见和建议：

任务 2　认识筛板式连续精馏装置

姓名		班级		建议学时	
所在组		岗位		成绩	

任务目标

1. 掌握进入实训室的相关要求；
2. 学会规范穿戴劳保用品和常用工具的使用；
3. 能按照企业 6S 管理，施行人员、设备和资料的规范管理；
4. 能阅读工作任务单，明确工时、工作任务等信息；能规范记录、处理工作任务数据，能用语言、文字规范描述工作任务；
5. 团队协作等能力；
6. 通过筛板式连续精馏装置（中试级）现场图及主要设备和阀门的认识，学习筛板式连续精馏装置基本结构、工作原理及特点；
7. 认识和绘制带控制点的筛板式连续精馏装置工艺流程图；
8. 通过筛板式连续精馏装置 DCS 控制系统、流程的认识，学习筛板式连续精馏装置；
9. 学习筛板式连续精馏装置产品量、塔顶产品回收率、回流及回流比的计算。

课前准备

一、预习筛板式连续精馏装置的构造

二、安全规范及劳保用品

1. 规范穿好工作服（根据岗位需要列出并明确穿戴规范）。
2. 正确佩戴安全帽。
3. 正确佩戴防护口罩（如果需要请列出并明确佩戴规范）。

4．正确佩戴护目镜及耳塞（如果需要请列出并明确佩戴规范）。

5．其他劳保用品（如果需要请列出并明确佩戴规范）。

6．安全注意事项（根据岗位需要明确相应规范）。

三、写出常见工具、量具、器具名称和使用规范

图片	名称	规范使用方法

任务描述

一、任务描述

　　学生在接受老师指定的工作任务后，了解工作场地的环境、设备管理要求，穿着符合劳保要求的服装，在老师的指导下，通过资料查询和精馏生产实例，掌握筛板式连续精馏装置基本结构、工作原理及特点，为精馏生产做好理论准备。工作完成后按照 6S 现场管理规范清理场地、归置物品、资料归档，并按照环保规定处置废弃物。

二、具体任务

　　1．认识筛板式连续精馏装置（中试级）现场图及主要设备和阀门。

　　2．认识和绘制带控制点的筛板式连续精馏装置工艺流程图。

　　3．认识筛板式连续精馏装置 DCS 控制系统。

　　4．认识筛板式连续精馏装置流程。

　　5．学习筛板式连续精馏装置产品量、塔顶产品回收率、回流及回流比的计算。

任务分析与实施

一、任务分析

　　在使用筛板式精馏塔进行精馏操作前，学员必须掌握筛板式连续精馏装置基本结构、工作原理及特点，建议按照以下步骤完成相关任务。

　　1．查阅相关书籍和资料，了解筛板式连续精馏装置基本结构、工作原理及特点。

　　2．查阅相关书籍和资料，学习筛板式连续精馏装置产品量、塔顶产品回收率、回流及回流比的计算。

二、任务实施

1. 认识筛板式连续精馏装置（中试级）现场图（图 7-4）及主要设备和阀门并填表

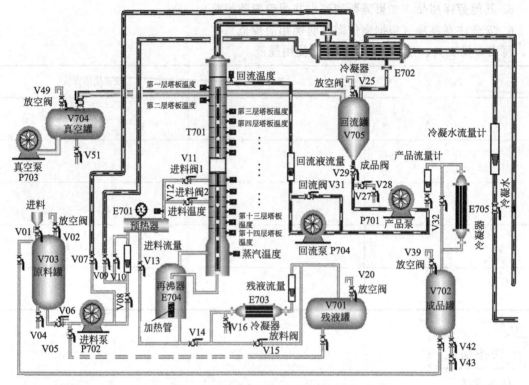

图 7-4　筛板式连续精馏装置现场图

（1）认真观察精馏塔现场图，并对照下表填写主要设备名称。

设备位号	名称	设备位号	名称
V703		P702	
V704		P703	
E701		P704	
E704		P701	
T701		E703	
V701		V705	
V702		E705	
E702			

（2）认真观察精馏塔现场图，并对照下表填写主要阀门名称。

阀门位号	名称	阀门位号	名称
V01		V15	
V02		V16	
V04		V20	
V06		V25	
V07		V27	
V08		V28	
V09		V29	
V10		V31	
V11		V32	
V12		V39	
V13		V42	
V14		V43	

2. 认真观察某型号精馏实训装置带控制点工艺流程图，列出重要的温度和流量控制点

....

....

....

3. 认真观察精馏塔 DCS 图（图 7-5）并填表

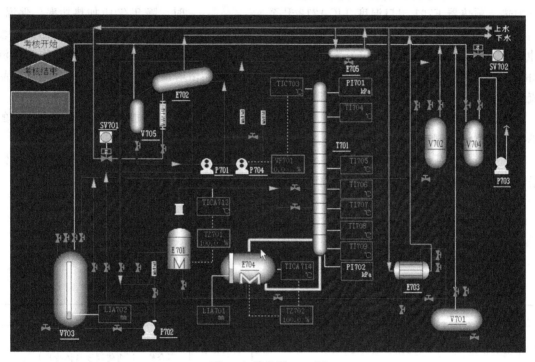

图 7-5 精馏塔 DCS 图

（1）认真观察精馏塔 DCS 图，并对照下表填写主要温度显示及控制仪表。

温度显示及控制仪表	位号	显示变量	正常值范围	单位
温度显示及控制仪表	TI709		80～100	℃
	TICA712		75～85	℃
	TICA714		80～100	℃
	TIC703		78～80	℃

（2）认真观察精馏塔 DCS 图，并对照下表填写主要液位和压力正常工况操作参数。

仪表名称或位号	调节变量	正常值	单位
进料流量计			L/h
冷凝器上冷却水流量计			L/h
回流流量计			L/h
塔顶产品流量计			L/h
LIA702			mm
LIA701			mm
PI701			kPa
PI702			kPa

4. 认识筛板式连续精馏装置流程

结合精馏塔现场图和精馏塔 DCS 图，阅读下面关于精馏流程的描述并填空。

进料：质量分数约为 15％ 的酒精原料从原料罐 V703 中由 ＿＿＿＿＿＿＿＿ 输入至 ＿＿＿＿＿＿＿＿，经第十二块塔板进入精馏塔内，流入再沸器 E704 至一定液位，停泵 P702。待有塔顶产品采出时，以约 40L/h 的流量连续进料。

加热：启动 ＿＿＿＿＿＿＿＿、＿＿＿＿＿＿＿＿ 分别对预热器 E701、再沸器 E704 内的原料进行加热，预热器 E701 出口温度 TICA712 升至 ＿＿＿＿＿＿＿＿ 时，降 TZ701 加热功率，保温。

塔顶气体：从精馏塔顶出来的气体经过位号为 ＿＿＿＿＿＿＿＿ 冷凝为液体后进入回流液缓冲罐 V705，回流罐的液体由位号为 ＿＿＿＿＿＿＿＿ 的产品泵和回流泵抽出，一部分作为回流由回流调节阀控制流量送回精馏塔；另一部分则作为产品由塔顶产品 ＿＿＿＿＿＿＿＿ 控制产品流量并采出，根据回流液缓冲罐液位调节产品采出量。

塔顶、塔釜压力：精馏塔的塔顶、塔釜压力由 ＿＿＿＿＿＿＿＿，同时调节回流液缓冲罐的不凝气排放量，调节与控制塔顶压力。

塔釜液体：从塔底出来的液体有一部分进入 ＿＿＿＿＿＿＿＿，加热后产生蒸气并送回精馏塔；另一部分由残液流量计控制流量作为塔釜残液采出。根据塔釜液位调节残液采出量。

任务评价与总结

一、任务过程评价

任务过程评价表

序号	工作步骤	认识筛板式连续精馏装置		评价		
		工作要点及技术要求	配分	评价标准	评价结论（合格、基本合格、不合格）严重错误要具体指出！	评分
1	准备工作	穿戴劳保用品				
		工具、材料、记录准备				
2	认识筛板式连续精馏装置（中试级）现场图及主要设备和阀门	认识筛板式连续精馏装置（中试级）现场图				
		认识筛板式连续精馏装置主要设备及位号				
		认识筛板式连续精馏装置主要阀门及位号				
3	认识带控制点的筛板式连续精馏装置工艺流程图	工具、场地选择、准备				
		了解带控制点的工艺流程图基本知识				
		认识和绘制某型号精馏实训装置带控制点工艺流程图				
4	认识筛板式连续精馏装置 DCS 控制系统	场地选择、准备				
		认识筛板式连续精馏装置 DCS 图				
		认识重要的温度显示仪表及其正常工况操作参数				
		认识调节器及其正常工况操作参数				

续表

任务名称		认识筛板式连续精馏装置			评价		
序号	工作步骤	工作要点及技术要求	配分	评价标准	评价结论(合格、基本合格、不合格)严重错误要具体指出!		评分
5	认识筛板式连续精馏装置流程	认识进料、加热、塔顶气体冷凝、塔顶和塔釜压力控制、塔釜液体采出等流程					
6	安全及其他	遵守国家法规或行业企业相关安全规范	安全使用水、电、气,高空作业不伤人、不伤己等安全防范意识、行为				
		是否在规定时间内完成	按时完成工作任务				
合计							

注:任务过程评价表中,工作要点及技术要求可根据实际教学过程进行调整;配分项中每一小项的具体配分根据该项在任务实施过程中的重要程度、任务目标等的不同,自行配分;评价标准项不设统一标准,根据任务实施过程中的需要,综合考虑各方面因素而形成。

任课老师: 年 月 日

二、总结与反思

1. 试结合自身任务完成的情况,通过交流讨论等方式学习较全面规范地填写本次任务的工作总结。

....
....
....

2. 其他意见和建议:

....
....
....

项目7.2 操作连续筛板式精馏装置

任务1 学习连续筛板式精馏装置操作过程

姓名		班级		建议学时	
所在组		岗位		成绩	

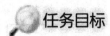

任务目标

1. 掌握进入实训室的相关要求；
2. 学会规范穿戴劳保用品和常用工具的使用；
3. 能按照企业 6S 管理，施行人员、设备和资料的规范管理；
4. 能阅读工作任务单，明确工时、工作任务等信息；能规范记录、处理工作任务数据，能用语言、文字规范描述工作任务；
5. 团队协作等能力；
6. 通过对连续筛板精馏装置开车前准备、开车和停车及正常操作注意事项的认识，学习连续筛板式精馏装置操作过程；
7. 通过连续筛板精馏塔操作数据的记录与处理，学习连续筛板式精馏装置操作过程；
8. 掌握精馏过程中可能的事故及产生原因与处理方法；
9. 了解精馏设备维护及工业卫生和劳动保护。

一、预习连续筛板精馏装置开车前准备、开车和停车及正常操作注意事项等相关知识

....
....
....

二、安全规范及劳保用品

1. 规范穿好工作服（根据岗位需要列出并明确穿戴规范）。
2. 正确佩戴安全帽。
3. 正确佩戴防护口罩（如果需要请列出并明确佩戴规范）。
4. 正确佩戴护目镜及耳塞（如果需要请列出并明确佩戴规范）。
5. 其他劳保用品（如果需要请列出并明确佩戴规范）。
6. 安全注意事项（根据岗位需要明确相应规范）。

三、写出常见工具、量具、器具名称和使用规范

图片	名称	规范使用方法

一、任务描述

  学生在接受老师指定的工作任务后，了解工作场地的环境、设备管理要求，穿着符合劳

保要求的服装，在老师的指导下，通过对连续筛板精馏装置开车前准备、开车和停车及正常操作注意事项的认识，学习连续筛板式精馏装置操作过程。工作完成后按照 6S 现场管理规范清理场地、归置物品、资料归档，并按照环保规定处置废弃物。

二、具体任务

1. 学习连续筛板精馏装置开车前准备、开车和停车及正常操作注意事项。

2. 掌握连续筛板精馏塔操作数据的记录与处理。

3. 掌握精馏过程中可能的事故及产生原因与处理方法。

4. 了解精馏设备维护及工业卫生和劳动保护。

任务分析与实施

一、任务分析

在使用筛板式精馏塔进行精馏操作前，学员必须掌握连续筛板精馏装置开车前准备、开车和停车及正常操作注意事项；掌握连续筛板精馏塔操作数据的记录与处理及掌握精馏过程中可能的事故及产生原因与处理方法。

二、任务实施

1. 学习连续筛板式精馏装置开车前准备、开车和停车及正常操作注意事项

（1）简述常压精馏开车前的准备工作

（2）简述常压精馏开车操作步骤

（3）简述常压精馏停车操作步骤

（4）常压精馏操作实训报表记录与处理

序号	时间	进料系统				塔系统											冷凝系统				回流系统				残液系统	
		原料槽液位/mm	进料流量/(L/h)	预热器加热开度/%	进料温度/℃	塔釜液位/mm	再沸器加热开度/%	再沸器温度/℃	第三塔板温度/℃	第八塔板温度/℃	第十塔板温度/℃	第十二塔板温度/℃	第十四塔板温度/℃	塔底蒸汽温度/℃	塔底压力/kPa	塔顶压力/kPa	塔顶蒸汽温度/℃	冷凝液温度/℃	冷却水流量/(L/h)	冷却水出口温度/℃	塔顶温度/℃	回流温度/℃	回流流量/(L/h)	产品流量/(L/h)	残液流量/(L/h)	冷却水流量/(L/h)
1																										
2																										
3																										
4																										

续表

序号	时间	进料系统				塔系统											冷凝系统				回流系统				残液系统	
		原料槽液位/mm	进料流量/(L/h)	预热器加热开度/%	进料温度/℃	塔釜液位/mm	再沸器加热开度/%	再沸器温度/℃	第三塔板温度/℃	第八塔板温度/℃	第十塔板温度/℃	第十二塔板温度/℃	第十四塔板温度/℃	塔底蒸汽温度/℃	塔底压力/kPa	塔顶压力/kPa	塔顶蒸汽温度/℃	冷凝液温度/℃	冷却水流量/(L/h)	冷却水出口温度/℃	塔顶温度/℃	回流温度/℃	回流流量/(L/h)	产品流量/(L/h)	残液流量/(L/h)	冷却水流量/(L/h)
5																										
6																										
7																										
操作记事																										
异常现象																										
操作人：									指导老师：																	

（5）简述常压精馏正常操作有哪些注意事项

....

....

....

2. 掌握精馏过程中可能的事故及产生原因与处理方法，并填写下表

异常现象	产生原因	处理方法
塔压增大		
塔釜温度过高		
塔顶温度过高		
塔釜液位过高或过低		
塔顶产品质量下降		
塔内发生液泛或雾沫夹带		

3. 简述常压精馏操作过程中的安全注意事项

....

....

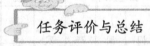

任务评价与总结

一、任务过程评价

任务过程评价表

任务名称		学习连续筛板式精馏装置操作过程		评价			
序号	工作步骤	工作要点及技术要求	配分	评价标准	评价结论（合格、基本合格、不合格）严重错误要具体指出！		评分
1	准备工作	穿戴劳保用品					
		工具、材料、记录准备					
2	常压精馏开车前准备	检查所有仪表、设备、试电、准备原料、开启公用系统					
3	常压精馏开车操作	掌握常压精馏开车操作步骤、调整精馏系统各工艺参数稳定					

续表

任务名称		学习连续筛板式精馏装置操作过程			评价		
序号	工作步骤	工作要点及技术要求		配分	评价标准	评价结论(合格、基本合格、不合格)严重错误要具体指出！	评分
4	常压精馏停车操作	掌握常压精馏停车操作步骤，做好设备及现场的整理工作					
5	数据记录与处理	掌握常压精馏操作实训报表记录与处理					
6	正常操作注意事项	掌握常压精馏正常操作相关注意事项					
7	事故与处理(含隐患排查)	掌握各种事故及产生原因与处理方法					
8	设备维护及工业卫生和劳动保护	掌握设备维护及检修和工业卫生和劳动保护					
9	安全及其他	遵守国家法规或行业企业相关安全规范	安全使用水、电、气，高空作业不伤人、不伤己等安全防范意识、行为				
		是否在规定时间内完成	按时完成工作任务				
合计							

注：任务过程评价表中，工作要点及技术要求可根据实际教学过程进行调整；配分项中每一小项的具体配分根据该项在任务实施过程中的重要程度、任务目标等的不同，自行配分；评价标准项不设统一标准，根据任务实施过程中的需要，综合考虑各方面因素而形成。

任课老师：　　　年 月 日

二、总结与反思

1. 试结合自身任务完成的情况，通过交流讨论等方式学习较全面规范地填写本次任务的工作总结。

....

....

....

2. 其他意见和建议：

....

....

....

任务 2　学习精馏过程运行状况

姓名		班级		建议学时	
所在组		岗位		成绩	

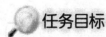 **任务目标**

1. 掌握进入实训室的相关要求；
2. 学会规范穿戴劳保用品和常用工具的使用；
3. 能按照企业 6S 管理，施行人员、设备和资料的规范管理；
4. 能阅读工作任务单，明确工时、工作任务等信息；能规范记录、处理工作任务数据，能用语言、文字规范描述工作任务；
5. 团队协作等能力；
6. 通过对精馏段与提馏段、进料板、塔内气液相的流动情况、塔顶产品的采出与回流、塔底产品的采出与返回的认识，学习精馏过程的运行状况；
7. 通过回流、温度、压力、塔板数的认识，学习精馏过程的正常运行条件；
8. 了解精馏塔混合物进料的热状况及进料位置对精馏过程的影响。

课前准备

一、预习连续筛板精馏装置精馏过程的正常运行条件等相关知识

....

....

....

二、安全规范及劳保用品

1. 规范穿好工作服（根据岗位需要列出并明确穿戴规范）。
2. 正确佩戴安全帽。
3. 正确佩戴防护口罩（如果需要请列出并明确佩戴规范）。
4. 正确佩戴护目镜及耳塞（如果需要请列出并明确佩戴规范）。
5. 其他劳保用品（如果需要请列出并明确佩戴规范）。
6. 安全注意事项（根据岗位需要明确相应规范）。

三、写出常见工具、量具、器具名称和使用规范

图片	名称	规范使用方法

任务描述

一、任务描述

　　学生在接受老师指定的工作任务后，了解工作场地的环境、设备管理要求，穿着符合劳保要求的服装，在老师的指导下，通过对精馏段与提馏段、进料板、塔内气液相的流动情况、塔顶产品的采出与回流、塔底产品的采出与返回、回流、温度、压力、塔板数的认识，来学习精馏过程的运行状况。工作完成后按照6S现场管理规范清理场地、归置物品、资料归档，并按照环保规定处置废弃物。

二、具体任务

　　1.掌握精馏段与提馏段、进料板、塔内气液相的流动情况、塔顶产品的采出与回流、塔底产品的采出与返回。

　　2.通过回流、温度、压力、塔板数的认识，掌握精馏过程的正常运行条件。

　　3.了解精馏塔混合物进料的热状况及进料位置对精馏过程的影响。

任务分析与实施

一、任务分析

　　掌握精馏段与提馏段、进料板、塔内气液相的流动情况、塔顶产品的采出与回流、塔底产品的采出与返回、回流、温度、压力、塔板数、精馏塔混合物进料的热状况及进料位置对精馏过程的影响等相关知识，了解精馏过程运行状况的重要内容。

二、任务实施

　　1.了解精馏过程的运行状况

　　(1)完成精馏段与提馏段内容的填空。

　　在生产中通常将进料板以上的部分称为_____，进料板以下的部分称为_____。在精馏段内越往塔顶轻组分的浓度越来_____，得到浓度较高的塔顶产品，在提馏段内越往塔底重组分的浓度越来_____，得到浓度较高的塔底产品。因此生产中常说精馏段提浓的是_____，而提馏段提浓的是_____。在整个精馏塔内，塔底的温度_____，而塔顶的温度_____。

　　(2)简述什么是进料板。

　　..
　　..
　　..

　　(3)简述塔内气液相的流动情况。

　　..
　　..
　　..

　　(4)详细观察图7-6，简述塔顶产品的采出与回流。

　　..
　　..
　　..

　　(5)详细观察图7-6，简述塔底产品的采出与回流。

　　..
　　..
　　..

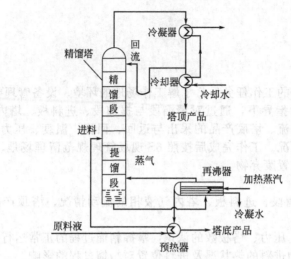

图 7-6 连续精馏装置与流程

2. 了解精馏装置正常运行的条件

（1）回流比的大小对产品量和产品质量有何影响？

....

....

....

（2）精馏塔内温度大小是如何分布的？

....

....

....

（3）蒸气从塔底进入精馏塔，并且能够穿过每层塔板流向塔顶，需要有一定的_____。

（4）塔板数：精馏塔内每一次冷凝和汽化都发生在一块塔板上，因此_____决定汽化和冷凝的次数。

3. 了解精馏塔混合物进料的热状况及进料位置对精馏过程的影响

（1）了解混合物进塔时的五种热状况并填表。

序号 项目	1	2	3	4	5
进料热状况	冷液	饱和液体	气液混合物	饱和蒸气	过热蒸气
温　度					
热状态参数	$q>1$	$q=1$	$0<q<1$	$q=0$	$q<0$

（2）进料方程可表达为：

....

....

....

（3）如何确定进料位置？

....

....

....

任务评价与总结

一、任务过程评价

任务过程评价表

任务名称		学习精馏过程运行状况			评价	
序号	工作步骤	工作要点及技术要求	配分	评价标准	评价结论（合格、基本合格、不合格）严重错误要具体指出！	评分
1	准备工作	穿戴劳保用品				
		工具、材料、记录准备				
2	了解精馏过程的运行状况	通过对精馏段与提馏段、进料板、塔内气液相的流动情况、塔顶产品的采出与回流、塔底产品的采出与返回的认识，了解精馏过程的运行状况				
3	了解精馏过程正常运行的条件	通过回流、温度、压力、塔板数的认识，掌握精馏过程的正常运行条件				
4	了解精馏塔混合物进料的热状况及进料位置对精馏过程的影响	了解五种进料热状况、进料方程、进料位置				
5	安全及其他	遵守国家法规或行业企业相关安全规范	安全使用水、电、气，高空作业不伤人、不伤己等安全防范意识、行为			
		是否在规定时间内完成	按时完成工作任务			
	合计					

注：任务过程评价表中，工作要点及技术要求可根据实际教学过程进行调整；配分项中每一小项的具体配分根据该项在任务实施过程中的重要程度、任务目标等的不同，自行配分；评价标准项不设统一标准，根据任务实施过程中的需要，综合考虑各方面因素而形成。

任课老师：　　　　　年　月　日

二、总结与反思

1. 试结合自身任务完成的情况，通过交流讨论等方式学习较全面规范地填写本次任务的工作总结。

....

....

....

2. 其他意见和建议：

....

....

....

项目 7.3 连续精馏装置仿真操作训练

任务 连续精馏装置仿真操作训练

姓名		班级		建议学时	
所在组		岗位		成绩	

🔍 任务目标

1. 掌握进入实训室的相关要求；
2. 学会规范穿戴劳保用品和常用工具的使用；
3. 能按照企业 6S 管理，施行人员、设备和资料的规范管理；
4. 能阅读工作任务单，明确工时、工作任务等信息，能规范记录、处理工作任务数据，能用语言、文字规范描述工作任务；
5. 团队协作等能力；
6. 通过对仿真系统中的精馏设备及现场阀门的认识，学习连续精馏装置仿真操作；
7. 通过精馏操作仪表、精馏操作流程、精馏操作 DCS 图的认识，学习精馏 DCS 操作系统；
8. 通过开车、停车、正常运行与维护、简单事故处理的认识，学习精馏仿真操作。

课前准备

一、预习仿真系统中的精馏设备及现场阀门等相关知识

二、安全规范及劳保用品

1. 规范穿好工作服（根据岗位需要列出并明确穿戴规范）。
2. 正确佩戴安全帽。
3. 正确佩戴防护口罩（如果需要请列出并明确佩戴规范）。
4. 正确佩戴护目镜及耳塞（如果需要请列出并明确佩戴规范）。
5. 其他劳保用品（如果需要请列出并明确佩戴规范）。
6. 安全注意事项（根据岗位需要明确相应规范）。

三、写出常见工具、量具、器具名称和使用规范

图片	名称	规范使用方法

续表

图片	名称	规范使用方法

一、任务描述

　　学生在接受老师指定的工作任务后，了解工作场地的环境、设备管理要求，穿着符合劳保要求的服装，在老师的指导下，通过对仿真系统中的精馏设备、现场阀门、精馏操作仪表、精馏操作流程、精馏操作DCS图的认识，学习精馏仿真操作。工作完成后按照6S现场管理规范清理场地、归置物品、资料归档，并按照环保规定处置废弃物。

二、具体任务

　　1. 掌握仿真系统中的精馏设备、现场阀门相关知识。

　　2. 掌握精馏操作仪表、精馏操作流程、精馏操作DCS图。

　　3. 掌握开车、停车、正常运行与维护、简单事故处理等相关精馏仿真操作。

一、任务分析

　　掌握仿真系统中的精馏设备、现场阀门、精馏操作仪表、精馏操作流程、精馏操作DCS图等相关知识，是学习精馏仿真操作的重要内容。

二、任务实施

　　1. 了解仿真系统中的精馏设备及现场阀门

　　（1）认识现场设备：认真观察精馏塔现场图（图7-7）并填写下表。

设备位号	名称	设备位号	名称
DA405		GA412A/B	
EA419		EA408A/B	
FA408A/B		FA414	

　　（2）认识现场阀门：认真观察精馏塔现场图（图7-7）并填写下表。

位号	名称	位号	名称	位号	名称
FV101		PV102B		V16	
FV102		V10		V17	
FV103		V11		V18	
FV104		V12		V19	
TV101		V13		V20	
PV101		V14		V23	
PV102A		V15			

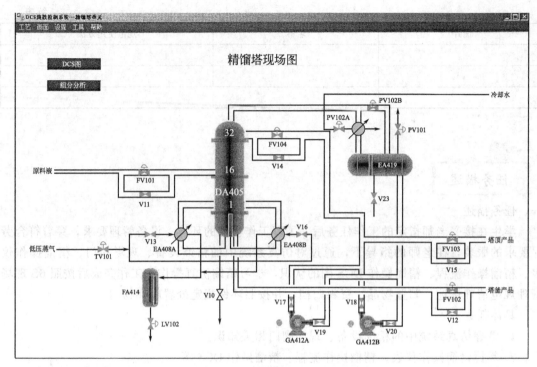

图 7-7　精馏塔现场图

2. 认识精馏 DCS 操作系统

（1）认真观察精馏操作 DCS 图（见图 7-8），并熟悉流量、液位、压力和温度等相关工艺参数。

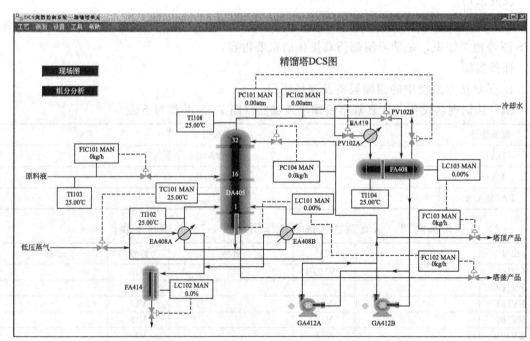

图 7-8　精馏操作 DCS 图

（2）认识精馏操作仪表：认真观察精馏塔 DCS 图并填写下表。

显示仪表名称	位号	显示变量	正常值	单位
温度显示仪表	TI102			℃
	TI103			℃
	TI104			℃
	TI105			℃

调节器名称	位号	调节变量	正常值	单位	正常工况
流量调节器	FIC101			kg/h	投自动
	FC102			kg/h	投串级
	FC103			kg/h	投串级
	FC104			kg/h	投自动
温度调节器	TC101			℃	投自动
液位调节器	LC102			%	投自动
	LC101			%	投自动
	LC103			%	投自动
压力调节器	PC101			atm	投自动
	PC102			atm	投自动,分程控制

（3）认识精馏操作流程并填写课本中相关内容。

3. 完成精馏仿真操作训练

任务评价与总结

一、任务过程评价

任务过程评价表

任务名称		连续精馏装置仿真操作训练		评价			
序号	工作步骤	工作要点及技术要求		配分	评价标准	评价结论(合格、基本合格、不合格)严重错误要具体指出!	评分
1	准备工作	穿戴劳保用品					
		工具、材料、记录准备					
2	仿真系统中的精馏设备及现场阀门	通过对仿真系统中的精馏设备及现场阀门的认识,学习连续精馏装置仿真操作					
3	认识精馏DCS操作系统	掌握精馏操作仪表、精馏操作流程、精馏操作 DCS 图					
4	精馏仿真操作训练	掌握开车、停车、正常运行与维护、简单事故处理等相关操作					
5	安全及其他	遵守国家法规或行业企业相关安全规范	安全使用水、电、气,高空作业不伤人,不伤己等安全防范意识、行为				
		是否在规定时间内完成	按时完成工作任务				

续表

任务名称	连续精馏装置仿真操作训练		评价	
合计				

注：任务过程评价表中，工作要点及技术要求可根据实际教学过程进行调整；配分项中每一小项的具体配分根据该项在任务实施过程中的重要程度、任务目标等的不同，自行配分；评价标准项不设统一标准，根据任务实施过程中的需要，综合考虑各方面因素而形成。

任课老师： 年 月 日

二、总结与反思

1. 试结合自身任务完成的情况，通过交流讨论等方式学习较全面规范地填写本次任务的工作总结。

....
....
....

2. 其他意见和建议：

....
....
....

项目 8
操作萃取装置

任务 1 认识填料塔萃取装置的工艺流程

姓名		班级		建议学时	
所在组		岗位		成绩	

🔍 **任务目标**

1. 掌握进入实训室的相关要求；
2. 学会规范穿戴劳保用品和常用工具的使用；
3. 能按照企业 6S 管理，施行人员、设备和资料的规范管理；
4. 能阅读工作任务单，明确工时、工作任务等信息，能规范记录、处理工作任务数据，能用语言、文字规范描述工作任务；
5. 团队协作等能力；
6. 能正确标识设备和阀门的位号；
7. 能正确标识各测量仪表；
8. 学会识读和绘制填料萃取塔装置的流程图。

课前准备

一、学习本实训室规章制度，在下表中列出你认为的重点并做出承诺

....
....
....

我承诺：实训期间绝不违反实训室规章制度

承诺人：

二、安全规范及劳保用品

1. 规范穿好工作服：选择长袖、长裤防静电工作服，领口、袖口系紧。

2. 正确佩戴安全帽。

3. 正确佩戴防护口罩：根据干燥现场物料情况选择合适口罩。常有挥发性气体污染物和粉尘污染物，可佩戴防尘防毒口罩等。

4. 正确佩戴护目镜及耳塞：正确佩戴防护镜，检查防护镜，看是否出现材料老化、变质、针孔、裂纹，以及其他机械损伤，如发现上述情况立即停止使用。

5. 其他劳保用品：戴好防护手套和穿好防滑鞋。

6. 安全注意事项：严防滑倒、触电及机械伤害，严格按照操作规程要求检查。

一、任务描述

学生在接受老师指定的工作任务后，了解工作场地的环境、设备管理要求，穿着符合劳保要求的服装，在老师的指导下，通过资料查询和萃取生产实例，掌握萃取的工业用途及原理，通过对现场萃取装置设备及流程的学习与认识，为萃取生产做好基础准备。工作完成后按照6S现场管理规范清理场地、归置物品、资料归档，并按照环保规定处置废弃物。

二、具体任务

1. 认识萃取的工业用途及原理。

2. 识别萃取装置的主要设备和调节仪表。

3. 摸清萃取装置各管线流程，识读和绘制萃取工艺流程图。

一、任务分析

认识萃取基本工艺过程，是操作工应具备的基本能力，是具备其他能力的前提和基础。认识萃取的工作过程，包括认识萃取装置的主要设备、仪表、管线流程。建议以小组为单位，按照以下步骤完成相关任务：

1. 查阅相关书籍和资料，学习萃取的工业用途和原理及常见流程。

2. 在实训现场，认识萃取装置的主要构成及工艺流程，各管线物料走向等。

3. 识读和绘制萃取装置的工艺流程图，强化对萃取基本工艺过程的记忆和理解。

二、任务实施

1. 查阅相关资料，简述萃取的基本过程。

2. 在实训现场，结合装置操作规程与工艺流程图，识别萃取装置主要设备构成，完成下表。

设备名称	位号	设备作用
填料萃取塔		
重相贮槽		
萃取相贮槽		
轻相贮槽		
萃余相贮槽		
分相器		
轻相泵		
重相泵		
气泵		

3. 对照PID图，找出本萃取装置的各类仪表和检测器，并明确其位号、监测点，然后完成下表。

位号	仪表或监测类型	监测工艺点

4. 对照装置工艺流程图，通过现场查走，摸清楚各管线的物料流向，并做好记录。

（1）原料液流程

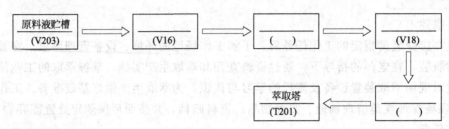

（2）萃取剂流程

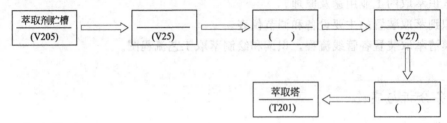

（3）空气流程

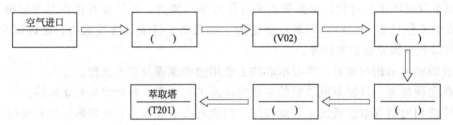

（4）萃取相流程

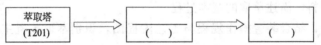

（5）萃余相流程

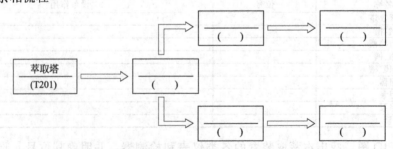

5. 结合以上学习，画出实训萃取装置的 PID 图。

任务评价与总结

一、任务过程评价

任务过程评价表

任务名称		认识填料塔萃取装置的工艺流程		评价		
序号	工作步骤	工作要点及技术要求	配分	评价标准	评价结论(合格、基本合格、不合格)	评分
1	准备工作	正确穿戴劳保用品(服装、安全帽等)	5	不符合要求扣5分		
		工具、材料、记录准备	5	选择错误每项扣1分,扣完为止		
2	认识萃取的流程	识读萃取的工艺流程简图,准确描述物料、公用工程的流程	10	叙述正确与否扣1~10分		
3	识别萃取装置主要设备	准确识别装置的主体设备名称(填料萃取塔、原料贮罐、萃取剂贮罐、萃取相贮罐、萃余相贮罐等)	5	描述准确与否扣1~2分		
		准确记录各主体设备的位号	5	是否有漏项扣相应分		
		准备描述各主体设备的作用	5	是否有漏项扣相应分		
4	识别调节仪表	准确识别各仪表类型	5	仪表类型错误扣1分/个;		
		明确各仪表的位号	5	仪表位号错误扣1分/个;检测器位号错误扣1分/个;		
		明确各检测器位号	5	作用描述错误扣1分/个		
5	识别各管线流程(工艺物料、公用工程)	理清萃取剂的流程	5			
		理清原料液的流程	5	根据流程是否正确,扣除该项全部分值		
		理清萃取相的流程	5			
		理清萃余相的流程	5			
6	绘制流程图	绘制带控制节点的流程图	15	根据流程是否正确,控制节点是否清楚;扣相应的分值		
7	使用工具、量具、器具	使用工具、量具、器具 / 正确选择、规范安全使用工具、量具、器具	3	正确使用与否适当扣分		
		维护工具、量具、器具 / 安全、文明使用各种工具、摆放整齐、用完整理归位	2	各种工具凌乱摆放、不整理、不归位扣2分		
8	安全及其他	遵守国家法规或企业相关安全规范 / 安全使用水、电、气,高空作业不伤人、不伤己等安全防范意识、行为;无"跑、冒、滴、漏"或物料浪费等现象	5	违规一次扣5分,严重违规停止操作		
		按时完成工作任务,提高生产效率 / 按时完成工作任务,水、电及原料消耗合理,产品质量好	5	根据生产时间、物料、水、电、汽消耗及产品质量综合评价		
		合计	100			

注:任务过程评价表中,工作要点及技术要求可根据实际教学过程进行调整;配分项中每一小项的具体配分根据该项在任务实施过程中的重要程度、任务目标等的不同,自行配分;评价标准项不设统一标准,根据任务实施过程中的需要,综合考虑各方面因素而形成。

任课老师: 年 月 日

二、总结与反思

1. 试结合自身任务完成的情况，通过交流讨论等方式学习较全面规范地填写本次任务的工作总结。

....

....

....

2. 其他意见和建议：

....

....

....

任务 2　认识常用的萃取设备

姓名		班级		建议学时	
所在组		岗位		成绩	

任务目标

1. 掌握进入实训室的相关要求；
2. 学会规范穿戴劳保用品和常用工具的使用；
3. 能按照企业 6S 管理，施行人员、设备和资料的规范管理；
4. 能阅读工作任务单，明确工时、工作任务等信息；能规范记录、处理工作任务数据，能用语言、文字规范描述工作任务；
5. 团队协作等能力；
6. 认识萃取设备的主要结构及工作原理；
7. 对比不同萃取设备的特点，学会初步选择萃取设备。

课前准备

一、学习本实训室规章制度，在下表中列出你认为的重点并做出承诺

....

....

....

我承诺：实训期间绝不违反实训室规章制度

承诺人：

二、安全规范及劳保用品

1. 规范穿好工作服：选择长袖、长裤防静电工作服，领口、袖口系紧。

2. 正确佩戴安全帽。

3. 正确佩戴防护口罩：根据干燥现场物料情况选择合适口罩。常有挥发性气体污染物和粉尘污染物，可佩戴防尘防毒口罩等。

4. 正确佩戴护目镜及耳塞：正确佩戴防护镜，检查防护镜，看是否出现材料老化、变

质、针孔、裂纹，以及其他机械损伤，如发现上述情况立即停止使用。

　　5. 其他劳保用品：戴好防护手套和穿好防滑鞋。

　　6. 安全注意事项：严防滑倒、触电及机械伤害，严格按照操作规程要求检查。

任务描述

一、任务描述

　　学生在接受老师指定的工作任务后，了解工作场地的环境、设备管理要求，穿着符合劳保要求的服装，在老师的指导下，通过现场实物观察，认识萃取装置的塔、泵、罐等主要设备的结构，掌握填料萃取塔的工作原理，并通过资料查找和三维动画观看等方式，认识其他各类典型的萃取塔，为进行后续萃取操作和设备的维护、保养打下坚实基础。工作完成后按照 6S 现场管理规范清理场地、归置物品、资料归档，并按照环保规定处置废弃物。

二、具体任务

　　1. 认识现场萃取装置的塔、泵及罐等设备的主要结构，叙述各自的作用及工作原理。

　　2. 查找资料，学习典型的萃取设备结构及特点。

　　3. 通过对比、讨论，归纳各类萃取设备的适用范围。

任务分析与实施

一、任务分析

　　萃取设备的种类很多，其结构和原理也各有区别，学习各种典型萃取设备的结构和原理，就能更好理解各型萃取设备的优缺点，这对设备的选择和操作具有指导作用。建议按照以下步骤完成相关任务。

　　1. 以实训现场的萃取装置为对象，完成萃取设备结构、原理，辅助设备及作用的认识。

　　2. 通过资料查找、图片及三维动画的观看，认识其他典型萃取设备的结构、原理及特点。

二、任务实施

　　1. 通过实训场地观察萃取装置的萃取塔，然后查阅资料，写出图 8-1 中各数字对应的结构。

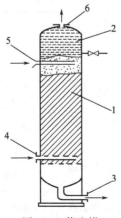

图 8-1　萃取塔

1 是＿＿＿＿＿＿＿＿＿；

2 是＿＿＿＿＿＿＿＿＿；

4 是＿＿＿＿＿＿＿＿＿；

5 是＿＿＿＿＿＿＿＿＿；

6 是＿＿＿＿＿＿＿＿＿。

2. 认识萃取装置的工艺设备，并填表。

名称	规格型号或材质	主要作用（静设备）/操作要点（动设备）
空气缓冲罐		
萃取相贮槽		
轻相贮槽		
萃余相贮槽		
重相贮槽		
萃余分相罐		
重相泵		
轻相泵		
萃取塔		
气泵		

3. 分小组查找资料，观看动画素材，学习各典型蒸发器的结构和原理，并完成下表。

类型	名称	结构特点	优缺点及适用场合
组合式	混合澄清器		
塔式	填料萃取塔		
	筛板萃取塔		
	转盘萃取塔		
	振动筛板萃取塔		
	脉冲填料萃取塔		
离心式	波德式离心萃取器		
	芦威式离心萃取器		

任务评价与总结

一、任务过程评价

任务过程评价表

任务名称		认识常用的萃取设备			评价		
序号	工作步骤	工作要点及技术要求	配分	评价标准	评价结论（合格、基本合格、不合格）严重错误要具体指出！	评分	
1	入场准备	正确穿戴劳保用品（服装、安全帽等）	10	不符合要求扣5~10分			
		工具、材料、记录准备	5	选择正确与否扣1~5分			
2	认识填料萃取塔	认识填料萃取塔的主体结构（结构、原理、特点）	10	描述准确与否扣1~2分			
		认识填料萃取塔各物料接口	10	是否有漏项扣相应分			
		认识填料萃取塔上的仪表、阀门和检测器	10	是否有漏项扣相应分			
3	认识泵等	能说出物料泵和气泵的类型，明确其操作要点	15	错误一项扣3分，扣完为止			

续表

任务名称		认识常用的萃取设备		评价	
序号	工作步骤	工作要点及技术要求	配分	评价标准	评价结论(合格、基本合格、不合格)严重错误要具体指出!	评分
4	认识其他动、静设备	识别本装置中其他主要动、静设备的类型,明确其操作要点	10	错误一项扣2分,扣完为止		
5	使用工具、量具、器具	使用工具、量具、器具	正确选择、规范安全使用工具、量具、器具	5	正确使用与否适当扣分		
		维护工具、量具、器具	安全、文明使用各种工具、摆放整齐、用完整理归位	5	各种工具凌乱摆放、不整理、不归位扣3分		
6	安全及其他	遵守国家法规或行业企业相关安全规范	安全使用水、电、气,高空作业不伤人不伤己等安全防范意识、行为;无"跑、冒、滴、漏"或物料浪费等现象	10	违规一次扣5分,严重违规停止操作		
		按时完成工作任务,提高生产效率	按时完成工作任务,水、电及原料消耗合理,产品质量好	10	根据生产时间、物料、水、电、汽消耗及产品质量综合评价		
	合计		100			

注:任务过程评价表中,工作要点及技术要求可根据实际教学过程进行调整;配分项中每一小项的具体配分根据该项在任务实施过程中的重要程度、任务目标等的不同,自行配分;评价标准项不设统一标准,根据任务实施过程中的需要,综合考虑各方面因素而形成。

任课老师:　　　　年　月　日

二、总结与反思

1.试结合自身任务完成的情况,通过交流讨论等方式学习较全面规范地填写本次任务的工作总结。

....
....
....

2.其他意见和建议:

....
....
....

任务3　操作填料萃取塔

姓名		班级		建议学时	
所在组		岗位		成绩	

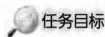

任务目标

1. 掌握进入实训室的相关要求；
2. 学会规范穿戴劳保用品和常用工具的使用；
3. 能按照企业 6S 管理，施行人员、设备和资料的规范管理；
4. 能阅读工作任务单，明确工时、工作任务等信息；能规范记录、处理工作任务数据，能用语言、文字规范描述工作任务；
5. 团队协作等能力；
6. 能按照操作规程规范，熟练完成萃取装置的开车、正常操作、停车；
7. 会观察、判断异常操作现象，并能做出正确处理；
8. 了解萃取剂的选择方法，熟悉影响萃取操作的因素。

课前准备

一、学习本实训室规章制度，在下表中列出你认为的重点并做出承诺

我承诺：实训期间绝不违反实训室规章制度

承诺人：

二、安全规范及劳保用品

1. 规范穿好工作服：选择长袖、长裤防静电工作服，领口、袖口系紧。

2. 正确佩戴安全帽。

3. 正确佩戴防护口罩：根据干燥现场物料情况选择合适口罩。常有挥发性气体污染物和粉尘污染物，可佩戴防尘防毒口罩等。

4. 正确佩戴护目镜及耳塞：正确佩戴防护镜，检查防护镜，看是否出现材料老化、变质、针孔、裂纹，以及其他机械损伤，如发现上述情况立即停止使用。

5. 其他劳保用品：戴好防护手套和穿好防滑鞋。

6. 安全注意事项：严防滑倒、触电及机械伤害，严格按照操作规程要求检查。

任务描述

一、任务描述

以小组为单位，按照实训场地规章制度要求，做好准备。根据划分岗位，按照操作规程要求，依次完成对萃取装置的开车检查、物料准备、开车、正常运行和正常停车操作，工作完成后按照 6S 现场管理规范清理场地、归置物品、资料归档，并按照环保规定处置废弃物。熟练掌握相关技能后，小组成员互换轮岗。

二、具体任务

1. 正确规范操作萃取装置，实现系统开车。

2. 分析处理生产过程中的异常现象，维持生产稳定运行，完成生产任务。

3. 生产完成后，对萃取装置进行正常停车。

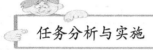

任务分析与实施

一、任务分析

本任务是以实际的生产任务为驱动，小组成员对应各自岗位操作员，按照生产规程完成对原料的萃取分离。通过对萃取装置进行开车检查、正常开车、正常运行、正常停车四个环节的完整操作，学习和训练现场工控岗位、化工仪表岗位、远程控制岗位的生产技能。建议按以下步骤完成。

1. 小组共同熟悉场地、装置及生产操作任务及安全操作规程，然后进行岗位划分，明确岗位职责，共同讨论制订生产方案。

2. 按照生产规范要求，规范进行开车准备、开车、正常运行、正常停车及后处理，并做好生产记录。

3. 讨论、总结生产操作过程中的不足，制订改进措施或列出注意事项。

二、任务实施

1. 熟读萃取装置操作规程，明确生产任务和各工艺控制指标。

（1）本次生产原料为：_____，萃取剂为：_____。

（2）熟悉各项工艺指标，完成下表的填写。

工艺指标		参数值（范围）
流量控制	萃取塔进口空气流量	
	轻相泵出口流量	
	重相泵出口流量	
液位控制	萃取塔塔顶液位	
压力控制	气泵出口压力	
	空气缓冲罐压力	
	空气管道压力控制	
温度控制	轻相泵出口温度	
	重相泵出口温度	

注：如果以上工艺指标有位号，请在参数值前注明对应位号。

2. 列举开车检查对象，逐一进行开车检查并记录检查情况。

序号	检查要点	检查情况	检查者
1			
2			
3			
4			
5			
...			
...			

3. 按照操作规程进行萃取的开车、正常运行和正常停车，并做好记录。

序号	时间	缓冲罐压力/MPa	分相器液位/mm	空气流量/(m³/h)	萃取相流量/(L/h)	萃余相流量/(L/h)	萃余相进口浓度/(mgNaOH/L)	萃取相出口浓度/(mgNaOH/L)	萃取效率/%
1									
2									
3									
4									
5									
6									

异常情况记录：

操作人：　　　　　　　　　　　　　　　　　　操作日期

任务评价与总结

一、任务过程评价

任务过程评价表

任务名称		操作填料萃取塔			评价		
序号	工作步骤	工作要点及技术要求	配分	评价标准	评价结论(合格、基本合格、不合格)严重错误要具体指出！		评分
1	入场准备	正确穿戴劳保用品(服装、安全帽等)	5	不符合要求扣5分			
		工具、材料、记录准备	3	选择正确与否扣1~3分			
2	开车准备	熟悉系统温度、压力、流量及液位控制的具体指标	5	错误一个指标扣1分，扣完为止			
		正确检查装置的供电、供气、仪表、设备及阀门是否处于正常状态	5	错误一个指标扣1分，扣完为止			
		正确进行原料准备，将原料和萃取剂按要求引入到相应的罐内，并达到指定液位	5	操作错误扣除全部分值			
3	正常开车	引萃取剂入塔 (1)自动状态下设置萃取塔上端沉降室油水界面液位至规定值	2	操作错误或漏操作扣2分			
		(2)全开萃取剂贮罐出口管路上的手动阀，萃取相贮罐管路上的手动阀	3	操作错误或漏操作扣3分			
		(3)开启萃取剂泵，待出口阀压力升至规定值后，开启泵出口阀，向塔引入萃取剂	3	操作错误或漏操作扣3分			
		(4)待萃取塔中有一定液位后，设置进料流量为自动，输入规定目标值	2	操作错误或漏操作扣2分			
		引原料液入塔 (1)依次全开原料液贮罐至塔管路上的所有手动阀	3	顺序错误扣1分			
		(2)设置原料流量调节阀为自动，输入规定值	2	操作错误或漏操作扣2分			
		(3)开启原料泵，待出口阀压力升至规定值后，开启泵出口阀，向塔引入原料	5	压力未到扣2分，泵操作错误扣5分			

续表

任务名称		操作填料萃取塔		评价		
序号	工作步骤	工作要点及技术要求	配分	评价标准	评价结论(合格、基本合格、不合格)严重错误要具体指出!	评分
4	正常运行	(1)控制进出塔重相流量相等,控制塔轻重相界面至规定处	5	液位偏离每次扣2分		
		(2)控制好进塔气流,防止液泛	5	液泛扣完		
		(3)分析萃取、萃余相浓度,并作好记录,能及时判断各指标是否正常	5	根据情况扣相应分值		
		(4)按照要求巡查各界面、温度、压力、流量、液位值并做好记录	10	漏记、错记扣1分,扣完为止		
5	停车	(1)停止轻相泵,关闭轻相泵出口阀	3	操作错误扣除全部项目分		
		(2)调整重相流量至最大,使塔及分相器内轻相全部排入萃余相贮槽	3			
		(3)待萃取塔及分相器内轻相排完后,停止重相泵,关闭泵出口阀,将萃余相罐内重相、萃取塔内重相排空	3			
		(4)进行现场清理,保持设备、管路的洁净,做好操作记录,切断所有电源	5			
6	使用工具、量具、器具	使用工具、量具、器具	正确选择、规范安全使用工具、量具、器具	3	正确使用与否适当扣分		
		维护工具、量具、器具	安全、文明使用各种工具、摆放整齐,用完整理归位	2	各种工具凌乱摆放、不整理、不归位扣2分		
7	安全与清洁生产	遵守国家法规或企业相关安全规范	安全使用水、电、气,高空作业不伤人,不伤己等安全防范意识、行为;无"跑、冒、滴、漏"或物料浪费等现象	5	违规一次扣5分,严重违规停止操作		
		按时完成工作任务,提高生产效率	按时完成工作任务,水、电及原料消耗合理,产品质量好	8	根据生产时间、物料、水、电、汽消耗及产品质量综合评价		
	合计			100			

注:任务过程评价表中,工作要点及技术要求可根据实际教学过程进行调整;配分项中每一小项的具体配分根据该项在任务实施过程中的重要程度、任务目标等的不同,自行配分;评价标准项不设统一标准,根据任务实施过程中的需要,综合考虑各方面因素而形成。

任课老师: 年 月 日

二、总结与反思

1. 试结合自身任务完成的情况,通过交流讨论等方式学习较全面规范地填写本次任务的工作总结。

....

....

....

2. 其他意见和建议:

....

....

....

项目 9
操作典型干燥装置

项目 9.1　操作流化床干燥装置

任务 1　认识流化床干燥流程

姓名		班级		建议学时	
所在组		岗位		成绩	

任务目标

1. 掌握进入实训室的相关要求；
2. 学会规范穿戴劳保用品和常用工具的使用；
3. 能按照企业 6S 管理，施行人员、设备和资料的规范管理；
4. 能阅读工作任务单，明确工时、工作任务等信息；能规范记录、处理工作任务数据，能用语言、文字规范描述工作任务；
5. 团队协作等能力；
6. 通过对流干燥的简单的流程图，学习干燥的基本知识，重点学习对流干燥的原理和条件以及影响对流干燥的因素；
7. 通过对流化床干燥实训装置的认识，学习流化床干燥的基本流程，了解流化床干燥的主要设备、常见控制仪表和阀门以及它们的作用；
8. 通过了解生产上的流化床干燥应用实例，了解流化床干燥在生产上的应用流程，了解常见的生产设备，了解干燥联合流程。

课前准备

一、学习本实训室规章制度，在下表中列出你认为的重点并做出承诺

....

....

....

我承诺：实训期间绝不违反实训室规章制度

承诺人：

二、安全规范及劳保用品

安全操作过程中要做好个人防护工作，主要包括：呼吸防护、皮肤防护、消化道防护。

呼吸防护：佩戴呼吸防护器是防止有毒物质通过呼吸道进入人体的有效措施，常用的呼吸防护器有过滤式防毒口罩、过滤式防毒面具和隔离式呼吸器。

皮肤防护：主要依靠个人防护用品，操作者应按工种要求穿工作服、工作鞋、戴工作

帽、手套、口罩、眼睛防护用品等。

1. 规范穿好工作服

要求：防护工作服的袖口与下摆，都应为紧口式，以免操作中被机械卷入，袖口周围不应有易被机械钩挂的扣带。口袋的位置应注意选择或不要口袋，这样可以避免机械钩挂，防止在发生事故时手刚好放在口袋而不能很好保护自己。从事易燃易爆岗位的作业人员应穿防静电服。

本岗位要求：长袖、长裤防静电工作服，领口、袖口系紧。穿抗静电工作鞋。

2. 正确佩戴安全帽

要求：根据干燥现场实际情况选择合适工作帽，如防尘帽、普通安全帽。

（1）普通安全帽的佩戴（见前面章节）。

（2）防尘防交叉污染工作帽要求：将头发全部包裹进去。

3. 正确佩戴防护口罩

要求：根据干燥现场物料情况选择合适口罩（见图9-1～图9-3）。常有挥发性气体污染物和粉尘污染物，可佩戴防尘防毒口罩等。

图9-1　简易防尘口罩　　　　　　　　　图9-2　自吸式防尘口罩

4. 正确佩戴护目镜及耳塞

要求：防护镜在使用过程中要经常检查，看是否出现材料老化、变质、针孔、裂纹，以及其他机械损伤，如发现上述情况立即停止使用。听力防护主要有防噪声耳塞和防噪声耳套（图9-4、图9-5）。

图9-3　普通防尘口罩　　　　图9-4　防噪声耳塞　　　　图9-5　防噪声耳套

5. 其他劳保用品

（1）**防护手套**　防护手套种类很多，根据功能选用。首选应明确防护对象，然后仔细选用。例如：耐酸碱手套，有耐强酸碱的，有只耐低浓度酸碱的；有耐有机溶剂和化学试剂的等。防护手套不能乱用，以免发生意外。

（2）**防护鞋**　工业用防护鞋主要有防水鞋、防寒鞋、绝缘鞋、防静电鞋、电热鞋、防腐蚀鞋（酸、碱、油）、放射性污染防护鞋、防尘污鞋和一般防机械伤害的鞋、防滑鞋、防震鞋、轻便鞋、无尘鞋、抗刺割鞋。

6. 安全注意事项

干燥岗位主要防止烫伤、粉尘污染及有毒气体污染，操作过程中严格执行各项规章制度。

三、常见工具、量具、器具名称和使用规范

图片	名称	规范使用方法
	分析天平	(1)调水平,预热 30min。 (2)校准。 (3)除皮清零。 (4)称量
	快速水分测定仪	(1)预热 30min。 (2)调零。 (3)干燥
	玻璃干燥器	(1)必须在干燥器和盖子接触处涂抹凡士林,让内外空气隔绝。 (2)变色硅胶等干燥剂要时刻注意颜色,由皮肤色变为红色时随时更换。 (3)将需要干燥的物品盛装在器皿内并放在隔板上,盖上盖子。 注意:红热的物品稍冷后才能放入
	烘箱	(1)打开电源开关,设定温度。 (2)打开鼓风机开关。 (3)打开电加热开关。 (4)每次使用都需要检查电源电压、接线情况,注意温度控制,不要超过范围,不然容易损坏不安全

任务描述

一、任务描述

学生在接受老师指定的工作任务后，了解工作场地的环境、设备管理要求，穿着符合劳保要求的服装，在老师的指导下，通过资料查询和干燥操作生产实例，掌握干燥目的及其特点、原理，为干燥操作做好理论准备。工作完成后按照 6S 现场管理规范清理场地、归置物品、资料归档，并按照环保规定处置废弃物。

二、具体任务

1. 认识对流干燥流程，能描述并能画出简单的流程图并说明流程图的含义。

2. 认识流化床干燥装置，熟悉流化床干燥流程，能说出物料走向和空气走向；能指出流化床干燥的主要设备、检测仪表和阀门等的名称和作用。

3. 认识生产上的一种流化床干燥实例，通过了解生产中几种干燥方法联合使用的情况，认识化工生产中优质高效节能和环保的前提下完成生产任务所采取的措施。

任务分析与实施

一、任务分析

在进行流化床干燥操作之前，学员必须掌握干燥的含义、分类及原理，重点掌握对流干燥的原理流程，建议按照以下步骤完成相关任务。

1. 查阅相关书籍和资料，了解干燥操作在化工生产中的应用、特点、类别。

2. 查阅相关书籍和资料，掌握流化床干燥的原理、基本流程。

二、任务实施

1. 认识对流干燥流程，回答下列问题。

（1）什么叫干燥？

（2）什么叫对流干燥？

（3）对流干燥过程中空气有哪些作用？

（4）空气进入干燥器前为什么要预热？

（5）对流干燥流程图（图 9-6）中各设备的作用。

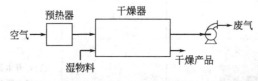

图 9-6　对流干燥流程示意图

名称	在本流程中设备的具体作用描述
预热器	
干燥器	

（6）绘制简单的对流干燥流程图（方框图即可）。

2. 认识流化床干燥的基本流程回答下列问题，填表，绘制流程图。

（1）根据流化床干燥流程图（图 9-7）及装置中的设备及编号，填写下面表格。

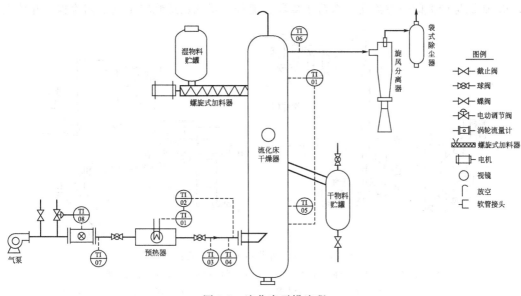

图 9-7　流化床干燥流程

设备名称	在本流程中设备的具体作用描述
气泵	
预热器	
旋风分离器	
袋式除尘器	
湿物料贮罐	
螺旋式加料器	
流化床干燥器	
干物料贮罐	

（2）根据流化床干燥流程图及装置，填写流程中各个仪表阀门等的作用

设备类型	在本流程中的具体作用描述
涡轮流量计	
温度计测量仪	
压力测量仪	
截止阀	
球阀	

3. 回答物料和空气走向问题。

① 干燥过程湿物料从哪里进去？从哪里出来？物料平衡在装置中如何体现？请画出物料流程方框图。

② 干燥用的湿空气的走向如何？湿空气在干燥过程中温度和湿度如何变化？请画出物料流程方框图。

4. 装置中哪些地方跟操作安全和环保方面有关联？起什么作用？

5. 绘制简单的流化床干燥流程图（方框图即可）。

6. 认识生产上的一种流化床对流干燥联合流程（聚氯乙烯浆料干燥工艺流程）并填表。

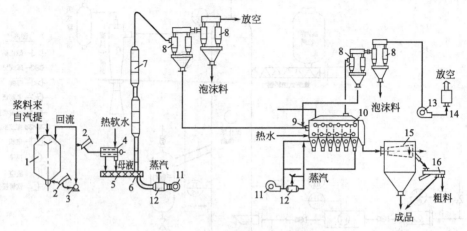

图 9-8　聚氯乙烯浆料干燥工艺流程

1—混料槽；2—树脂过滤器；3—浆料泵；4—沉降式离心机；5—螺旋输送机；
6—送料器；7—气流干燥器；8—旋风分离器；9—加料器；10—流化床干燥器；11—鼓风机；
12—预热器；13—抽风机；14—消声器；15—滚动筛；16—振动筛

（1）识读工艺流程图（图 9-8），填写表格。

序号	设备名称	在本流程中设备的具体作用描述
1	混料槽	
2	树脂过滤器	
3	浆料泵	
4	沉降式离心机	
5	螺旋输送机	
6	送料器	
7	气流干燥器	
8	旋风分离器	
9	加料器	
10	流化床干燥器	
11	鼓风机	
12	预热器	
13	抽风机	
14	消声器	
15	滚动筛	
16	振动筛	

（2）根据设备作用归类，填写表格。

序号	设备类型	设备名称
1	干燥器	
2	除尘设备	
3	输送设备	
4	加热设备	
5	其他设备	

（3）完成以下工艺流程的填空。

① 聚氯乙烯浆料干燥系统

聚氯乙烯浆料进入 1 号设备＿＿＿＿＿＿，从混料槽底部出来经过过滤器，再由

_____送入 4 号设备_____，在此将大量的水分甩出，浆料再经 _____和 _____送入 7 号设备_____，经过一次干燥后的聚氯乙烯湿料进入_____与空气分离，再进入沸腾干燥器，经过二次干燥后，通过滚动筛和振动筛疏松后，得到干燥后的产品。

② 空气系统

第一段气流干燥系统：空气作为干燥介质由 11 号设备 _____ 送入，先由 _____将空气加热，因为热空气的干燥效率高，热空气进入气流干燥器，使浆料中的大部分水分汽化，然后与湿料一起进入旋风分离器，空气与湿料分离后，从旋风分离器顶部排放。

第二段沸腾干燥系统：空气作为干燥介质由 11 号设备 _____ 送入，先由 _____将空气加热，热空气进入沸腾干燥器，使湿料中的水分汽化，然后与湿料一起进入_____，空气与干料分离后，从旋风分离器顶部排放。

7. 通过认识流化床干燥流程，采用哪些能量的利用和安全环保措施？请写出相关设备名称和工艺步骤中的绿色环保和安全措施内容。

任务评价与总结

一、任务过程评价

任务过程评价表

任务名称：认识流化床干燥流程 任务实施时间：6～8 课时				任务评价			
序号	工作步骤	工作要点及技术要求		评价标准	配分	结论	得分
1	入场准备	穿戴劳保用品 工具、材料、记录准备		不符合要求扣 5 分；选择错误每项扣 1 分，扣完为止	5		
2	认识对流干燥流程	(1)识读对流干燥流程方框简图		叙述正确与否扣 1～5 分	5		
		(2)准确叙述流程图中各步骤的具体作用和要求		描述准确与否扣 1～5 分	5		
		(3)绘制对流干燥流程方框图		绘制准确与否扣 1～5 分	5		
3	认识流化床干燥流程（工艺物料、公用工程）	认识流程图	认识流化床干燥工艺流程图,认识现场装置	叙述正确与否扣 1～3 分	3		
		识别流化床干燥装置主要设备	准确识别装置的主体设备名称（流化床干燥器、风机、旋风分离器等),准确描述各主体设备的作用	描述正确与否扣 1～10 分;是否有漏项扣相应分	10		
		识别仪表、阀门	识别调节仪表、检测器、阀门编号、名称和作用	描述正确与否扣 1～5 分;是否有漏项扣相应分	5		
		识别各管线流程	识别现场物料的流程,能叙述物料的来龙去脉	根据流程是否正确,扣 1～3 分	3		
			识别现场热空气的流程,能叙述空气的来龙去脉	根据流程是否正确,扣 1～3 分	3		
		使用工具、量具、器具	正确选择、规范安全使用工具、量具、器具	正确使用与否适当扣 1～2 分	2		
			安全、文明使用各种工具,摆放整齐,用完整理归位	各种工具凌乱摆放、不整理、不归位扣 1 分	1		
		绘制流程图	根据现场装置流程绘制流化床干燥工艺流程图	根据流程是否正确,扣 1～8 分	8		

续表

序号	工作步骤	工作要点及技术要求		评价标准	配分	结论	得分
		任务名称：认识流化床干燥流程 任务实施时间：6～8课时		**任务评价**			
4	认识生产上的一种流化床干燥流程和气流干燥的联合流程	案例介绍，了解案例中的干燥的目的		描述正确与否扣1～5分	5		
		识读案例流程图		描述正确与否扣1～7分	7		
		识别干燥装设备编号、作用	流化床干燥器、流化床干燥器工艺作用	描述正确与否扣1～5分	5		
		识别干燥装置中的辅助设备编号、作用	（1）气固分离设备（旋风分离器、袋滤器） （2）输送物料设备（泵、风机、螺旋输送） （3）固液分离设备（沉降式离心机） （4）加热设备（预热器） （5）其他设备（消声器、振动筛、滚动筛等）	描述正确与否扣1～8分	8		
		识别物料走向，案例中聚氯乙烯从浆料如何变成干燥的聚氯乙烯合格产品		根据流程是否正确，扣1～5分	5		
		识别干燥介质的空气走向，案例中第一段气流干燥系统、第二段沸腾干燥系统中空气的走向		根据流程是否正确，扣1～5分	5		
5	安全、环保及其他	遵守国家法规或企业相关安全规范；安全使用水、电、气，高空作业不伤人、不伤己等安全防范意识、行为；无"跑、冒、滴、漏"或物料浪费等现象		是否违反规定扣1～5分；根据生产时间、物料、水、电、汽消耗及产品质量综合评价扣1～5分；违规一次扣5分，严重违规停止操作	5		
		按时完成工作任务，绿色生产，提高生产效率；水、电及原料消耗合理，产品质量好					
		能了解本任务中安全环保节能方面内容（空气放空系统热能的利用及废料回收、废气净化）		根据回答内容是否正确扣1～5分	5		
合计					100		

任课老师：　　　　　年　月　日

二、总结与反思

1. 试结合自身任务完成的情况，通过交流讨论等方式学习较全面规范地填写本次任务的工作总结。

....

....

....

2. 其他意见和建议：

....

....

....

任务2　认识流化床干燥设备

姓名		班级		建议学时	
所在组		岗位		成绩	

任务目标

1. 掌握进入实训室的相关要求；
2. 学会规范穿戴劳保用品和常用工具的使用；
3. 能按照企业 6S 管理，施行人员、设备和资料的规范管理；
4. 能阅读工作任务单，明确工时、工作任务等信息；能规范记录、处理工作任务数据，能用语言、文字规范描述工作任务；
5. 团队协作等能力；
6. 掌握常见流化床干燥器由哪些部分构成；
7. 掌握流化床干燥器的工作原理和结构；
8. 熟悉流化床干燥器的特点；
9. 了解流化床干燥装置中常见的附属设备名称及作用。

课前准备

一、学习本实训室规章制度，在下表中列出你认为的重点并做出承诺

....

....

....

我承诺：实训期间绝不违反实训室规章制度

承诺人：

二、安全规范及劳保用品

1. 规范穿好工作服。
2. 正确佩戴安全帽。
3. 正确佩戴防护口罩。
4. 正确佩戴护目镜及耳塞。
5. 其他劳保用品。
6. 安全注意事项。

三、写出常见工具、量具、器具名称和使用规范

图片	名称	规范使用方法

一、任务描述

学生在接受老师指定的工作任务后，了解工作场地的环境、设备管理要求，穿着符合劳保要求的服装，在老师的指导下，通过资料查询和干燥操作生产实例，掌握流化床干燥器的组成部分和结构原理，了解其特点，并熟悉流化床干燥器常见的除尘和物料输送等附属设备。工作完成后按照6S现场管理规范清理场地、归置物品、资料归档，并按照环保规定处置废弃物。

二、具体任务

1. 通过观察流程图、观看动画，写出常见流化床干燥器由哪些部分构成。

2. 通过现场观察卧式多层流化床干燥器设备结构图，填写表格，描述流化床干燥器的工作原理。

3. 查阅资料和讨论学习，熟悉流化床干燥器的特点。

4. 通过现场观察和查阅资料，了解流化床干燥装置中常见的附属设备（除尘装置、固体物料输送装置、加热装置等）名称及作用。

一、任务分析

在学习流化床干燥设备之前，学员必须掌握流化床干燥基本流程和常见主要设备，会画常见的流化床干燥流程图。建议按照以下步骤完成相关任务：

1. 查阅相关书籍和资料，了解干燥操作在化工生产中的应用、特点、类别。

2. 查阅相关书籍和资料，掌握流化床干燥的基本流程。

3. 查阅相关书籍和资料，掌握流化床干燥常见的设备及作用。

4. 查阅相关书籍和资料，了解流化床干燥的基本过程中的节能降耗、绿色环保等措施的实施情况。

二、任务实施

1. 通过观察流程图、观看动画，写出常见流化床干燥器由哪些部分构成。

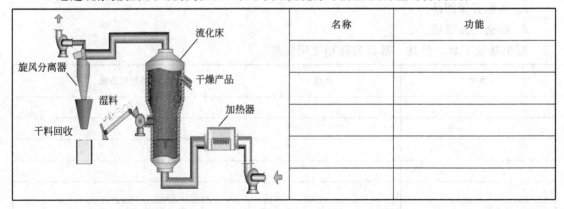

名称	功能

2. 通过现场观察卧式多层流化床干燥器设备结构图，填写表格，描述流化床干燥器的

工作原理。

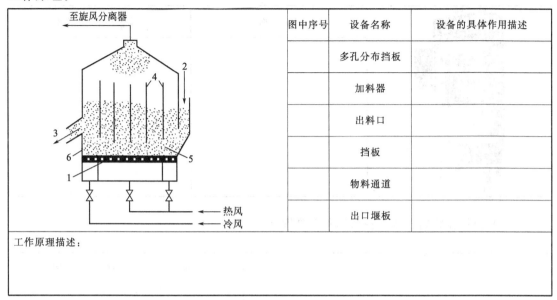

图中序号	设备名称	设备的具体作用描述
	多孔分布挡板	
	加料器	
	出料口	
	挡板	
	物料通道	
	出口堰板	

工作原理描述：

3. 查阅资料和讨论学习，熟悉流化床干燥器的特点。

优点：

缺点：

应用：

4. 通过现场观察和查阅资料，了解流化床干燥装置中常见的附属设备（除尘装置、固体物料输送装置、加热装置等）名称及作用。

（1）写出除尘设备名称和主要特点。

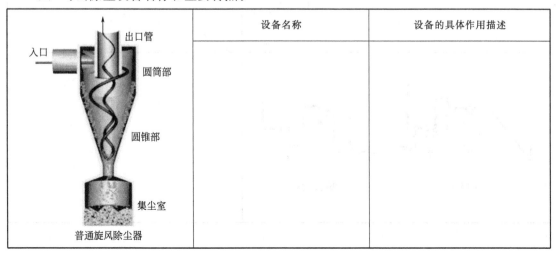

设备名称	设备的具体作用描述

续表

	设备名称	设备的具体作用描述

（2）写出固体物料输送设备名称和主要特点。

	设备名称	设备的具体作用描述
 (a) 外形　　　　(b) 带式输送机的结构		
 进料　　　出料		
 (a) 吸送式　　　　(b) 压送式		

任务评价与总结

一、任务过程评价

任务过程评价表

序号	工作步骤	工作要点及技术要求	评价标准	配分	结论	得分
任务名称:认识流化床干燥设备 任务实施时间:2~4课时			任务评价			
1	准备工作	穿戴劳保用品	不符合要求扣1~3分;扣完为止	5		
		工具、材料、记录准备	选择正确与否扣1~2分;扣完为止	5		
2	认识常见流化床干燥器的组成部分	熟悉主要设备及作用	描述准确与否扣1~2分;是否有漏项扣相应分;扣完为止	15		
3	流化床干燥器原理和结构	掌握工作原理	描述准确与否扣1~15分	15		
		掌握主体结构	描述准确与否扣1~25分	25		
4	流化床干燥器的特点	熟悉优缺点	描述准确与否扣1~10分	10		
		了解适用范围	描述准确与否扣1~5分	5		
5	认识常见流化床干燥附属设备	熟悉除尘装置(旋风分离器、袋滤器)	错误一项扣2分,是否有漏项扣相应分;扣完为止	5		
		了解固体颗粒输送装置(带式输送机、螺旋输送机)	错误一项扣2分,是否有漏项扣相应分;扣完为止	5		
6	安全、环保及其他	遵守国家法规或企业相关安全规范;安全使用水、电、气,高空作业不伤人、不伤己等安全防范意识、行为	违规一次扣5分,严重违规停止操作	5		
		绿色生产,提高生产效率;水、电及原料消耗合理,产品质量好,无"跑、冒、滴、漏"或物料浪费等现象	根据生产时间、物料、水、电、汽消耗及产品质量综合评价,扣1~5分	5		
合计				100		

任课老师: 年 月 日

二、总结与反思

1. 试结合自身任务完成的情况,通过交流讨论等方式学习较全面规范地填写本次任务的工作总结。

....

....

....

2. 其他意见和建议:

任务 3　操作流化床干燥实训装置

姓名		班级		建议学时	
所在组		岗位		成绩	

🔍 任务目标

1. 掌握进入实训室的相关要求；
2. 学会规范穿戴劳保用品和常用工具的使用；
3. 能按照企业 6S 管理，施行人员、设备和资料的规范管理；
4. 能阅读工作任务单，明确工时、工作任务等信息；能规范记录、处理工作任务数据，能用语言、文字规范描述工作任务；
5. 团队协作等能力；
6. 熟悉流化床干燥器实训装置流程，熟悉主要设备、仪表阀门的作用；
7. 掌握流化床干燥器操作开车、运行和停车步骤；
8. 了解流化床干燥过程的常见问题及处理方法。

课前准备

一、学习本实训室规章制度，在下表中列出你认为的重点并做出承诺

　　　　　　　　　　　　　　　　　我承诺：实训期间绝不违反实训室规章制度

　　　　　　　　　　　　　　　　　　　　　　　承诺人：

二、安全规范及劳保用品

1. 规范穿好工作服。
2. 正确佩戴安全帽。
3. 正确佩戴防护口罩。
4. 正确佩戴护目镜及耳塞。
5. 其他劳保用品。
6. 安全注意事项。

三、写出常见工具、量具、器具名称和使用规范

图片	名称	规范使用方法

任务描述

一、任务描述

　　学生在接受老师指定的工作任务后，了解工作场地的环境、设备管理要求，穿着符合劳保要求的服装，在老师的指导下，通过资料查询和干燥操作生产实例，熟悉流化床干燥器实训装置流程，熟悉主要设备、仪表阀门的作用；熟悉物料和空气的走向；掌握流化床干燥器操作开车、运行和停车步骤；了解流化床干燥过程的常见问题及处理方法。

　　工作完成后按照 6S 现场管理规范清理场地、归置物品、资料归档，并按照环保规定处置废弃物。

二、具体任务

　　1. 通过观察流程图、观看动画，认识现场装置，熟悉流化床干燥器实训装置流程，熟悉主要设备、仪表阀门的作用，熟悉物料和空气的走向。

　　2. 掌握流化床干燥器操作开车、运行和停车步骤；了解流化床干燥过程的常见问题及处理方法。

任务分析与实施

一、任务分析

　　在学习流化床干燥操作之前，学员必须掌握流化床干燥基本流程和常见主要设备，会画常见的流化床干燥流程图。建议按照以下步骤完成相关任务：

　　1. 查阅相关书籍和资料，了解干燥操作在化工生产中的应用、特点、类别。

　　2. 查阅相关书籍和资料，掌握流化床干燥的基本流程。

　　3. 查阅相关书籍和资料，掌握流化床干燥常见的设备及作用。

　　4. 查阅相关书籍和资料，了解流化床干燥的基本过程中的节能降耗、绿色环保等措施的实施情况。

二、任务实施

　　1. 识别流程中的设备名称及作用（见图 9-7）

　　2. 识别流程中仪表及阀门的作用，（见本项目任务 1）

　　3. 识别工艺管线，画出空气和物料流程

　　（1）空气流程：

　　（2）物料流程：

　　4. 数据记录和处理

流化床干燥器操作数据记录									
操作过程	时间	气泵流量/(L/h)	预热器进口空气温度/℃	预热器出口空气温度/℃	流化床塔底进口空气温度/℃	流化床床层温度/℃	流化床塔压/atm	流化床塔顶出风温度/℃	备注
开车									
运行									
停车									

5. 操作流化床干燥装置，回答下列问题

（1）为什么开始操作时，必须先开风机，后开加热器；而操作结束时，一定要先关加热器，待空气温度接近室温时，再关风机？

（2）使用旋风分离器的目的是什么？

（3）你能叙述出流化床干燥器的流程吗？

任务评价与总结

一、任务过程评价

任务过程评价表

序号	工作步骤	工作要点及技术要求		评价标准	配分	结论	得分
	任务名称:操作流化床干燥实训装置 任务实施时间:4~6课时			任务评价			
1	入场准备	穿戴劳保用品		不符合要求扣1~2分	2		
		工具、材料、记录准备		选择正确与否扣1~2分	2		
2	熟悉流程和操作内容	熟悉现场流化床干燥流程		描述正确与否扣1~5分,扣完为止	5		
		熟悉设备仪表阀门的作用		错误一个扣1分,扣完为止	5		
		熟悉干燥操作的具体要求		描述正确与否扣1~5分	5		
		熟悉系统温度、压力、流量及液位控制的具体指标		错误一个指标扣1分,扣完为止	3		
3	开车准备	全面检查系统	正确检查装置的供电、供气	错误一项扣1分,未检查一个扣2分,扣完为止;严重违规停止作业	10		
			仪表、设备及阀门是否处于正常状态				
			检查和清除干燥装置和传动系统附近的障碍物				
			查看各安全保护装置是否齐全牢固				
			检查快速水分检测仪是否灵敏,开启待用;检查电子天平是否灵敏,开启待用				
		准备物料		未准备扣2分;不正确扣1分	2		
4	正常开车	开风机,通入空气		操作错误或漏操作扣5分;严重违规停止作业	15		
		开电加热,加热空气					
		投入湿物料					
5	正常运行	注意观察各点的温度,空气的流量是否稳定,若出现变化应随时调节,确保干燥过程在稳定的条件下进行;巡回检查,发现问题及时解决		未检查每项一次扣5分;未调节每次扣3分,扣完为止;严重违规停止作业	10		
6	停车	关加料系统,停止进湿物料		操作错误或漏操作扣5分,未清理现场或清理不合格扣1~5分,扣完为止	14		
		关预热器电源,停止空气加热					
		关气泵,停空气					
		切断总电源,清理现场					
7	数据记录和整理	及时准确记录过程数据		错误或漏记一次扣2分;伪造数据扣8分	8		
		按照正确方法处理结果		根据数据处理正确与否扣1~4分,扣完为止	4		
8	使用工具、量具、器具	正确选择、规范安全使用工具、量具、器具		正确使用与否适当扣1~3分	3		
		安全、文明使用各种工具,摆放整齐,用完整理归位		各种工具凌乱摆放、不整理、不归位扣2分	2		
9	安全与清洁生产	遵守国家法规或企业相关安全规范,安全使用水、电、气,高空作业不伤人、不伤己等安全防范意识、行为;无"跑、冒、滴、漏"或物料浪费等现象		违规一次扣5分,严重违规停止操作	5		
		按时完成工作任务,提高生产效率,水、电及原料消耗合理,产品质量好		根据生产时间,物料、水、电、汽消耗及产品质量综合评价	5		
	合计				100		

二、总结与反思

1. 试结合自身任务完成的情况，通过交流讨论等方式学习较全面规范地填写本次任务的工作总结。

···
···
···
···

2. 其他意见和建议：

···
···
···

项目 9.2　操作喷雾干燥装置

任务 1　认识喷雾干燥的工艺流程

姓名		班级		建议学时	
所在组		岗位		成绩	

任务目标

1. 掌握进入实训室的相关要求；
2. 学会规范穿戴劳保用品和常用工具的使用；
3. 能按照企业 6S 管理，施行人员、设备和资料的规范管理；
4. 能阅读工作任务单，明确工时、工作任务等信息，能规范记录、处理工作任务数据，能用语言、文字规范描述工作任务；
5. 团队协作等能力；
6. 能识别喷雾干燥装置的主要设备、附属设备及仪表阀门的类型和作用；
7. 清楚物料流程、空气流程；
8. 能绘制喷雾干燥流程图（方框图即可）；
9. 了解喷雾干燥过程中能量的利用和安全环保内容。

课前准备

一、学习本实训室规章制度，在下表中列出你认为的重点并做出承诺

我承诺：实训期间绝不违反实训室规章制度

承诺人：

二、安全规范及劳保用品

1. 规范穿好工作服。
2. 正确佩戴安全帽。
3. 正确佩戴防护口罩。
4. 正确佩戴护目镜及耳塞。
5. 其他劳保用品。
6. 安全注意事项。

三、写出常见工具、量具、器具名称和使用规范

图片	名称	规范使用方法

任务描述

一、任务描述

学生在接受老师指定的工作任务后，了解工作场地的环境、设备管理要求，穿着符合劳保要求的服装，在老师的指导下，通过资料查询和喷雾干燥操作生产实例，掌握喷雾干燥目的及其特点、原理，为喷雾干燥操作做好理论准备。工作完成后按照 6S 现场管理规范清理场地、归置物品、资料归档，并按照环保规定处置废弃物。

二、具体任务

1. 通过识读喷雾干燥流程图，现场观察喷雾干燥实训装置，识别主要设备、附属设备及仪表阀门的类型和作用。
2. 清楚物料流程、空气流程及工艺管线的来龙去脉。
3. 根据喷雾干燥流程图和现场观察实训装置，绘制喷雾干燥流程图（方框图即可）。
4. 喷雾干燥过程中能量的利用和安全环保内容。

任务分析与实施

一、任务分析

在进行喷雾干燥操作之前，学员必须掌握干燥的含义、分类及原理，重点掌握对流干燥

的原理流程，建议按照以下步骤完成相关任务：

1. 查阅相关书籍和资料，了解干燥操作在化工生产中的应用、特点、类别；
2. 查阅相关书籍和资料，掌握喷雾干燥的原理、基本流程。
3. 熟悉喷雾干燥流程中主要设备仪表阀门的作用。

二、任务实施

1. 识读喷雾干燥的工艺流程图（图 9-9），叙述喷雾干燥的基本流程。

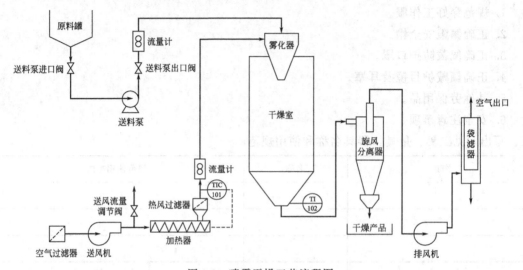

图 9-9　喷雾干燥工艺流程图

写出喷雾干燥流程：

2. 识别喷雾干燥装置的主要设备、仪器的编号及作用，填写下表。

序号	设备名称	在本流程中设备的具体作用描述
1	空气过滤器	
2	送风机	
3	调节阀	
4	加热器	
5	热风过滤器	
6	温度检测仪	
7	流量计	
8	喷雾干燥器	
9	温度检测仪	
10	旋风分离器	
11	排风机	
12	袋滤器	
13	原料罐	
14	截止阀（送料泵进口阀）	
15	送料泵	
16	截止阀（送料泵出口阀）	
17	流量计	

3. 识别喷雾干燥流程图和现场的各管线流程，画出物料和空气走向的流程方框图。

空气流程：

物料流程：

4. 绘制喷雾干燥流程图（方框图即可）。

5. 通过认识喷雾干燥流程，采用哪些能量的利用和安全环保措施？请写出相关设备名称和工艺步骤中的绿色环保和安全措施内容。

任务评价与总结

一、任务过程评价

任务过程评价表

任务名称：认识喷雾干燥的工艺流程 任务实施时间：4课时			任务评价			
序号	工作步骤	工作要点及技术要求	评价标准	配分	结论	评分
1	准备工作	正确穿戴劳保用品（服装、安全帽等）	不符合要求扣3分；选择错误每项扣1分，扣完为止	5		
		工具、材料、记录准备	选择错误每项扣1分，扣完为止	5		
2	认识喷雾干燥的流程	识读喷雾干燥的工艺流程简图（方框图），能叙述喷雾干燥的目的和任务	描述准确与否扣1～5分	8		
3	识别喷雾干燥装置主要设备	准确识别装置的主体设备编号和名称（喷雾干燥器、风机、旋风分离器等）	描述准确与否扣1～5分	6		
		准确描述各主体设备的作用	描述准确与否扣1～5分，扣完为止	10		
		填写表格	填写准确与否扣1～3分	3		
4	识别阀门和调节仪表	准确识别各仪表、阀门的编号和类型	描述正确与否扣1～5分；是否有漏项扣相应分	8		
		准确描述各阀门、仪表的作用	描述正确与否扣1～5分；是否有漏项扣相应分	5		
		填写表格	填写准确与否扣1～3分	3		

续表

任务名称:认识喷雾干燥的工艺流程 任务实施时间:4课时			任务评价			
序号	工作步骤	工作要点及技术要求	评价标准	配分	结论	评分
5	识别各管线流程(工艺物料、公用工程)	理清干湿物料的流程,能叙述物料的来龙去脉	描述正确与否扣1~5分;是否有漏项扣相应分	5		
		理清热空气的流程,能叙述空气的来龙去脉	描述正确与否扣1~5分;是否有漏项扣相应分	5		
		画出物料和空气走向的流程方框图	根据流程是否正确,扣1~3分	8		
6	绘制流程图	绘制喷雾干燥工艺流程图	根据流程是否正确,扣1~8分	10		
7	使用工具、量具、器具	使用 正确选择、规范安全使用工具、量具、器具	正确使用与否适当扣1~2分	2		
		维护 安全、文明使用各种工具、摆放整齐、用完整理归位	各种工具凌乱摆放、不整理、不归位扣1分	2		
8	安全环保及其他	遵守国家法规或企业相关安全规范;安全使用水、电、气,高空作业不伤人、不伤己等安全防范意识、行为;无"跑、冒、滴、漏"或物料浪费等现象	是否违反规定扣1~5分	5		
		按时完成工作任务,绿色生产,提高生产效率;水、电及原料消耗合理,产品质量好	根据生产时间,物料、水、电、汽消耗及产品质量综合评价扣1~5分;违规一次扣5分,严重违规停止操作	5		
		能了解本任务中安全环保节能方面内容	根据回答内容是否正确扣1~5分	5		
合计				100		

任课老师:　　　　　年　月　日

二、总结与反思

1. 试结合自身任务完成的情况,通过交流讨论等方式学习较全面规范地填写本次任务的工作总结。

....

....

....

2. 其他意见和建议:

....

....

....

任务 2　认识喷雾干燥设备

姓名		班级		建议学时	
所在组		岗位		成绩	

任务目标

1. 掌握进入实训室的相关要求；
2. 学会规范穿戴劳保用品和常用工具的使用；
3. 能按照企业 6S 管理，施行人员、设备和资料的规范管理；
4. 能阅读工作任务单，明确工时、工作任务等信息；能规范记录、处理工作任务数据，能用语言、文字规范描述工作任务；
5. 团队协作等能力；
6. 掌握常见喷雾干燥器的构成；
7. 掌握喷雾干燥器的工作原理和结构；
8. 熟悉喷雾干燥器的特点；
9. 了解喷雾干燥装置中常见的附属设备名称及作用。

课前准备

一、学习本实训室规章制度，在下表中列出你认为的重点并做出承诺

....

....

....

我承诺：实训期间绝不违反实训室规章制度

承诺人：

二、安全规范及劳保用品

1. 规范穿好工作服。
2. 正确佩戴安全帽。
3. 正确佩戴防护口罩。
4. 正确佩戴护目镜及耳塞。
5. 其他劳保用品。
6. 安全注意事项。

三、写出常见工具、量具、器具名称和使用规范

图片	名称	规范使用方法

任务描述

一、任务描述

学生在接受老师指定的工作任务后，了解工作场地的环境、设备管理要求，穿着符合劳保要求的服装，在老师的指导下，通过资料查询和干燥操作生产实例，掌握喷雾干燥器的组成部分和结构原理，了解其特点，并熟悉喷雾干燥器常见的除尘和物料输送等附属设备。工作完成后按照6S现场管理规范清理场地、归置物品、资料归档，并按照环保规定处置废弃物。

二、具体任务

1. 通过观察流程图、观看动画，写出常见喷雾干燥器的构成。

2. 通过现场观察喷雾干燥器设备结构图，填写表格，描述喷雾干燥器的工作原理。

3. 查阅资料和讨论学习，熟悉喷雾干燥器的特点。

4. 通过现场观察和查阅资料，了解喷雾干燥装置中常见的附属设备（除尘装置、固体物料输送装置、加热装置等）名称及作用。

任务分析与实施

一、任务分析

在学习喷雾干燥设备之前，学员必须掌握对流干燥基本流程和常见主要设备，会画常见的干燥流程图。建议按照以下步骤完成相关任务：

1. 查阅相关书籍和资料，了解干燥操作在化工生产中的应用、特点、类别。

2. 查阅相关书籍和资料，掌握喷雾干燥的基本流程。

3. 查阅相关书籍和资料，掌握喷雾干燥常见的设备及作用。

4. 查阅相关书籍和资料，了解喷雾干燥的基本过程中的节能降耗、绿色环保等措施的实施情况。

二、任务实施

1. 通过观察流程图、观看动画，写出常见喷雾干燥器的构成。

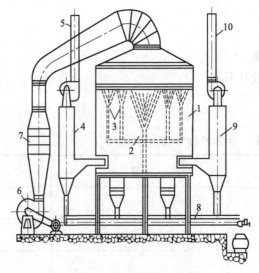

图 9-10　喷雾干燥器

2. 从绿色环保角度分析废气回收装置的作用。

3. 通过现场观察喷雾干燥器设备结构图（图 9-10），填写表格，描述喷雾干燥器的工作原理。

名称	设备的具体作用描述
1. 操作室	
2. 旋转十字管	
3.	
4.9. 袋滤器	
5.10. 废气排出口	
6.	
7.	
8. 螺旋卸料器	
喷雾干燥器工作原理描述：	

4. 查阅资料和讨论学习，熟悉喷雾干燥器的特点。

喷雾干燥器优点：

喷雾干燥器缺点：

喷雾干燥器应用：

5. 通过现场观察和查阅资料，了解喷雾干燥装置中常见的附属设备（除尘装置、固体物料输送装置、加热装置等）名称及作用。

（1）除尘设施。

（2）固体输送设备。

（3）气体压缩机。

任务评价与总结

一、任务过程评价

任务过程评价表

任务名称：认识喷雾干燥设备 任务实施时间：4 课时			任务评价			
序号	工作步骤	工作要点及技术要求	评价标准	配分	结论	得分
1	准备工作	穿戴劳保用品	不符合要求扣 1～3 分；扣完为止	5		
		工具、材料、记录准备	选择正确与否扣 1～2 分；扣完为止	5		
2	常见喷雾干燥器的组成部分	熟悉主要设备及作用	描述准确与否扣 1～2 分；是否有漏项扣相应分；扣完为止	15		
3	喷雾干燥器原理和结构	掌握工作原理	描述准确与否扣 1～15 分	15		
		掌握主体结构	描述准确与否扣 1～25 分	25		
4	喷雾干燥器的特点	熟悉优缺点	描述准确与否扣 1～10 分	10		
		了解适用范围	描述准确与否扣 1～5 分	5		
5	常见喷雾干燥附属设备	熟悉除尘装置（旋风分离器、袋滤器）	错误一项扣 2 分；是否有漏项扣相应分；扣完为止	5		
		了解固体颗粒输送装置（带式输送机、螺旋输送机）	错误一项扣 2 分；是否有漏项扣相应分；扣完为止	5		

续表

任务名称:认识喷雾干燥设备 任务实施时间:4课时			任务评价			
序号	工作步骤	工作要点及技术要求	评价标准	配分	结论	得分
6	安全、环保 及其他	遵守国家法规或企业相关安全规范;安全使用水、电、气,高空作业不伤人、不伤己等安全防范意识、行为	违规一次扣5分,严重违规停止操作	5		
		绿色生产,提高生产效率;水、电及原料消耗合理,产品质量好,无"跑、冒、滴、漏"或物料浪费等现象	根据生产时间,物料、水、电、汽消耗及产品质量综合评价,扣1~5分	5		
合计				100		

任课老师: 年 月 日

二、总结与反思

1. 试结合自身任务完成的情况,通过交流讨论等方式学习较全面规范地填写本次任务的工作总结。

> ....
> ....
> ....

2. 其他意见和建议:

> ....
> ....
> ....

任务 3   操作喷雾干燥实训装置

姓名		班级		建议学时	
所在组		岗位		成绩	

任务目标

1. 掌握进入实训室的相关要求;
2. 学会规范穿戴劳保用品和常用工具的使用;
3. 能按照企业 6S 管理,施行人员、设备和资料的规范管理;
4. 能阅读工作任务单,明确工时、工作任务等信息,能规范记录、处理工作任务数据,能用语言、文字规范描述工作任务;
5. 团队协作等能力;
6. 熟悉喷雾干燥器实训装置流程,熟悉主要设备、仪表阀门的作用;
7. 掌握喷雾干燥器操作开车、运行和停车步骤;
8. 了解喷雾干燥过程的常见问题及处理方法。

课前准备

一、学习本实训室规章制度，在下表中列出你认为的重点并做出承诺

我承诺：实训期间绝不违反实训室规章制度

承诺人：

二、安全规范及劳保用品

    1. 规范穿好工作服。

    2. 正确佩戴安全帽。

    3. 正确佩戴防护口罩。

    4. 正确佩戴护目镜及耳塞。

    5. 其他劳保用品。

    6. 安全注意事项。

三、写出常见工具、量具、器具名称和使用规范

图片	名称	规范使用方法

任务描述

一、任务描述

    学生在接受老师指定的工作任务后，了解工作场地的环境、设备管理要求，穿着符合劳保要求的服装，在老师的指导下，通过资料查询和干燥操作生产实例，熟悉喷雾干燥器实训装置流程，熟悉主要设备、仪表阀门的作用；熟悉物料和空气的走向；掌握喷雾干燥器操作开车、运行和停车步骤；了解喷雾干燥过程的常见问题及处理方法。

    工作完成后按照 6S 现场管理规范清理场地、归置物品、资料归档，并按照环保规定处置废弃物。

二、具体任务

    1. 通过观察喷雾干燥流程图、观看动画，认识现场装置，熟悉喷雾干燥器实训装置流程，熟悉主要设备、仪表阀门的作用，熟悉物料和空气的走向。

    2. 掌握喷雾干燥器操作开车、运行和停车步骤；了解喷雾干燥过程的常见问题及处理方法。

任务分析与实施

一、任务分析

在学习喷雾干燥操作之前，学员必须掌握喷雾干燥基本流程和常见主要设备，会画常见的喷雾干燥流程图。建议按照以下步骤完成相关任务。

1. 查阅相关书籍和资料，了解干燥操作在化工生产中的应用、特点、类别。

2. 查阅相关书籍和资料，掌握喷雾干燥的基本流程。

3. 查阅相关书籍和资料，掌握喷雾干燥常见的设备及作用。

4. 查阅相关书籍和资料，了解喷雾干燥的基本过程中的节能降耗，绿色环保等措施的实施情况。

二、任务实施

根据图 9-11 中喷雾干燥实训装置流程（气流雾化法）和现场喷雾干燥装置完成任务。

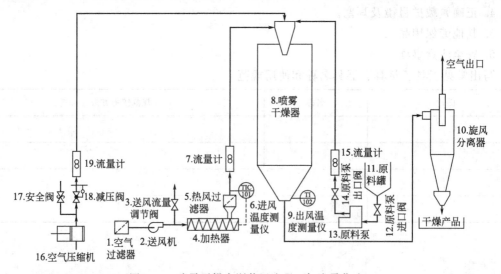

图 9-11　喷雾干燥实训装置流程（气流雾化法）

1. 识别喷雾干燥实训装置流程中的设备名称及作用，填写下表

序号	设备名称	在本流程中设备的具体作用描述
1	空气过滤器	
2	送风机	
3	送风流量调节阀	
4	加热器	
5	热风过滤器	
6	进风温度测量仪	
7	流量计	
8	喷雾干燥器	
9	出风温度测量仪	
10	旋风分离器	
11	原料罐	

续表

序号	设备名称	在本流程中设备的具体作用描述
12	原料泵进口阀	
13	原料泵	
14	原料泵出口阀	
15	流量计	
16	空气压缩机	
17	安全阀	
18	减压阀	
19	流量计	

2. 识别流程中仪表及阀门的作用，填写下表

设备类型	在本流程中设备的具体作用描述
涡轮流量计	
温度测量仪	
压力测量仪	
截止阀	
球阀	
安全阀	
减压阀	

3. 识别工艺管线，画出空气和物料流程

（1）空气流程：

（2）物料流程：

4. 数据记录和处理

任务评价与总结

一、任务过程评价

任务过程评价表

任务名称:操作喷雾干燥实训装置 任务实施时间:4~6课时			任务评价			
序号	工作步骤	工作要点及技术要求	评价标准	配分	结论	得分
1	入场准备	穿戴劳保用品	不符合要求扣1~2分	2		
		工具、材料、记录准备	选择正确与否扣1~2分	2		
2	熟悉流程和操作内容	熟悉现场喷雾干燥流程	描述正确与否扣1~5分,扣完为止	5		
		熟悉设备仪表阀门的作用	错误一个扣1分,扣完为止	5		
		熟悉干燥操作的具体要求	描述正确与否扣1~5分	5		
		熟悉系统温度、压力、流量及液位控制的具体指标	错误一个指标扣1分,扣完为止	3		

续表

序号	工作步骤	工作要点及技术要求	评价标准	配分	结论	得分
	任务名称:操作喷雾干燥实训装置 任务实施时间:4~6课时		任务评价			
3	开车准备	正确检查装置的供电、供气、仪表、设备及阀门是否处于正常状态 检查和清除干燥装置和传动系统附近的障碍物,查看各安全保护装置是否齐全牢固 检查快速水分检测仪是否灵敏,开启待用检查电子天平是否灵敏,开启待用 准备物料	错误一项扣1分,未检查一个扣2分,未准备物料扣2分;不正确扣1分扣完为止;严重违规停止作业	12		
4	正常开车	打开鼓风机电源开关,调节进风量在规定值90%左右 打开加热器电源开关,调节热风温度到规定值 打开空气压缩机电源开关,调节空气流量表 当进风温度接近设定值时,开蠕动泵进料量	操作错误或漏操作扣5分;顺序错误扣5分;严重违规停止作业	15		
5	正常运行	在正常干燥过程中,注意观察各点的温度,空气的流量是否稳定,巡回检查,发现问题及时处理	未检查每项一次扣5分;未调节每次扣3分,扣完为止;严重违规停止作业	10		
6	停车	关闭蠕动泵 将空气流量计底部减压阀关闭,关闭空气压缩机 关闭电加热器 等进风温度降到室温时,关闭鼓风机 切断总电源,清理现场	操作错误或漏操作扣5分,顺序错误扣5分;未清理现场或清理不合格扣1~5分,扣完为止	14		
7	使用工具、量具、器具	正确选择、规范安全使用工具、量具、器具	正确使用与否适当扣1~3分	3		
		安全、文明使用各种工具、摆放整齐、用完整理归位	各种工具凌乱摆放、不整理、不归位扣2分	2		
8	数据记录和整理	及时准确记录过程数据	错误或漏记一次扣2分;伪造数据扣8分	8		
		按照正确方法处理结果	根据数据处理正确与否扣1~4分,扣完为止	4		
9	安全与清洁生产	遵守国家法规或企业相关安全规范,安全使用水、电、气,高空作业不伤人、不伤己等安全防范意识、行为;无"跑、冒、滴、漏"或物料浪费等现象	违规一次扣5分,严重违规停止操作	5		
		按时完成工作任务,提高生产效率,水、电及原料消耗合理,产品质量好	根据生产时间、物料、水、电、汽消耗及产品质量综合评价	5		
		合计		100		

任课老师:　　　　　年　月　日

二、总结与反思

1. 试结合自身任务完成的情况,通过交流讨论等方式学习较全面规范地填写本次任务的工作总结。

....
....
....

2. 其他意见和建议:

....
....
....

项目 **10**

操作结晶装置

项目 10.1 操作典型的结晶装置

任务 1 认识结晶的工艺流程

姓名		班级		建议学时	
所在组		岗位		成绩	

任务目标

1. 掌握进入实训室的相关要求；
2. 学会规范穿戴劳保用品和常用工具的使用；
3. 能按照企业 6S 管理，施行人员、设备和资料的规范管理；
4. 能阅读工作任务单，明确工时、工作任务等信息；能规范记录、处理工作任务数据，能用语言、文字规范描述工作任务；
5. 团队协作等能力；
6. 通过传统海盐的生成及尿素、硝酸铵、氯化钾的工业生产，糖、味精生产的认识，学习结晶的基本原理、工业应用；
7. 通过简单结晶装置的认识，学习结晶操作在化工生产中的应用；
8. 学习结晶操作的特点及工业结晶的分类。

课前准备

一、学习本实训室规章制度，在下表中列出你认为的重点并做出承诺

....

....

....

我承诺：实训期间绝不违反实训室规章制度

承诺人：

二、安全规范及劳保用品

1. 规范穿好工作服（根据岗位需要列出并明确穿戴规范）。
2. 正确佩戴安全帽。
3. 正确佩戴防护口罩（如果需要请列出并明确佩戴规范）。
4. 正确佩戴护目镜及耳塞（如果需要请列出并明确佩戴规范）。
5. 其他劳保用品（如果需要请列出并明确佩戴规范）。

6. 安全注意事项（根据岗位需要明确相应规范）。

一、任务描述

学生在接受老师指定的工作任务后，了解工作场地的环境、设备管理要求，穿着符合劳保要求的服装，在老师的指导下，通过资料查询和结晶生产实例，掌握结晶目的及其特点、原理，为结晶生产做好理论准备。工作完成后按照 6S 现场管理规范清理场地、归置物品、资料归档，并按照环保规定处置废弃物。

二、具体任务

1. 通过传统海盐的生成及尿素、硝酸铵、氯化钾的工业生产，糖、味精生产的认识，学习结晶的基本原理、工业应用。

2. 通过简单结晶装置的认识，学习结晶操作在化工生产中的应用。

3. 学习结晶操作的特点及工业结晶的分类。

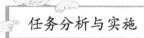

一、任务分析

在结晶操作前，学员必须掌握结晶目的及其特点、原理，建议按照以下步骤完成相关任务。

1. 查阅相关书籍和资料，了解结晶操作在化工生产中的应用、特点、类别。

2. 查阅相关书籍和资料，掌握结晶目的及其原理。

二、任务实施

1. 结晶的原理

2. 结晶的过程

3. 影响结晶操作的主要因素

4. 工业结晶的方法

5. 结晶操作的流程及各部位装置的名称

6. 绘制结晶操作的工艺流程图

一、任务过程评价

任务过程评价表

任务名称		认识结晶的工艺流程	任务评价	
序号	工作步骤	工作要点及技术要求	配分	评分
1	准备工作	穿戴劳保用品		
		工具、材料、记录准备		
2	认识结晶的流程	识读结晶的工艺流程简图,准确描述物料、公用工程的流程		
3	识别结晶装置主要设备	准确识别装置的主体设备名称		
		准确记录各主体设备的位号		
		准确描述各主体设备的作用		

续表

任务名称		认识结晶的工艺流程	任务评价	
序号	工作步骤	工作要点及技术要求	配分	评分
4	识别调节仪表	准确识别各仪表类型		
		明确各仪表的位号		
		明确各检测器位号		
5	识别工艺流程（工艺物料、公用工程）	理清结晶过程的进料流程		
		理清结晶过程的出料流程		
6	使用工具、量具、器具	使用工具、量具、器具	正确选择、规范安全使用工具、量具、器具	
7	安全及其他	遵守国家法规或企业相关安全规范	安全使用水、电、气,高空作业不伤人、不伤己等安全防范意识、行为	
		是否在规定时间内完成	按时完成工作任务	
合计			100	

任课老师：　　　　年　月　日

二、总结与反思

1. 试结合自身任务完成的情况，通过交流讨论等方式学习较全面规范地填写本次任务的工作总结。

----

2. 其他意见和建议：

任务 2　认识结晶设备

姓名		班级		建议学时	
所在组		岗位		成绩	

任务目标

1. 掌握进入实训室的相关要求；
2. 学会规范穿戴劳保用品和常用工具的使用；
3. 能按照企业 6S 管理，施行人员、设备和资料的规范管理；
4. 能阅读工作任务单，明确工时、工作任务等信息，能规范记录、处理工作任务数据，能用语言、文字规范描述工作任务；
5. 团队协作等能力；
6. 通过教学过程提供的结晶装置和教学资料，认识结晶设备的结构、工作原理和性能特点；
7. 通过简单结晶装置的认识，学习结晶操作在化工生产中的应用；
8. 学习结晶操作的分类。

课前准备

一、学习本实训室规章制度，在下表中列出你认为的重点并做出承诺

....

....

....

我承诺：实训期间绝不违反实训室规章制度

承诺人：

二、安全规范及劳保用品

1. 规范穿好工作服（根据岗位需要列出并明确穿戴规范）。
2. 正确佩戴安全帽。
3. 正确佩戴防护口罩（如果需要请列出并明确佩戴规范）。
4. 正确佩戴护目镜及耳塞（如果需要请列出并明确佩戴规范）。
5. 其他劳保用品（如果需要请列出并明确佩戴规范）。
6. 安全注意事项（根据岗位需要明确相应规范）。

任务描述

一、任务描述

学生在接受老师指定的工作任务后，了解工作场地的环境、设备管理要求，穿着符合劳保要求的服装，在老师的指导下，掌握结晶设备的结构、工作原理和性能特点，为结晶生产做好理论准备。工作完成后按照 6S 现场管理规范清理场地、归置物品、资料归档，并按照环保规定处置废弃物。

二、具体任务

　　1. 通过教学过程提供的结晶装置和教学资料，认识结晶设备的结构、工作原理和性能特点。

　　2. 通过简单结晶装置的认识，学习结晶操作在化工生产中的应用。

　　3. 学习结晶操作的分类。

任务分析与实施

一、任务分析

　　在结晶操作前，学员必须掌握典型结晶设备的结构、工作原理，建议按照以下步骤完成相关任务。

　　1. 查阅相关书籍和资料，了解典型结晶操作设备的结构、工作原理。

　　2. 查阅相关书籍和资料，掌握结晶设备的特点及选择。

二、任务实施

　　1. 典型的结晶设备

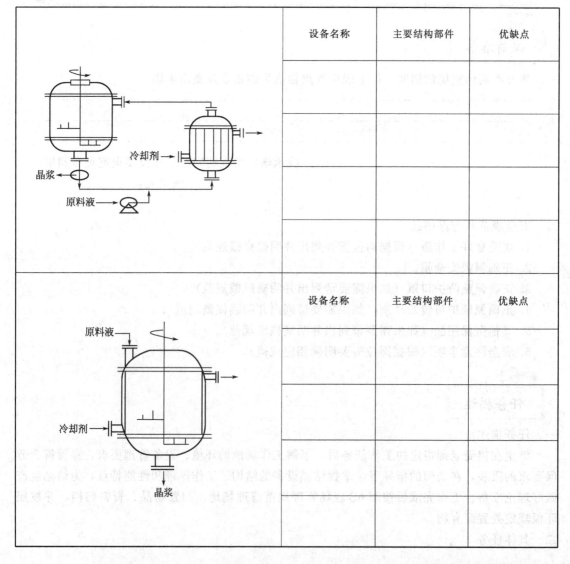

设备名称	主要结构部件	优缺点

设备名称	主要结构部件	优缺点

续表

设备名称： 主要结构部件： 物料流程走向：	（图示：蒸发结晶装置，标注蒸汽、筛网分离器、蒸发器、蒸汽、加热器、蒸汽、悬浮室、原料液、产品）
设备名称： 主要结构部件： 物料流程走向：	（图示：结晶釜装置，标注冷却水、蒸汽、冷却水、蒸汽、蒸汽、进料、卸料，编号1、2、3、4、5）

2. 结晶设备选择原则

任务评价与总结

一、任务过程评价

任务过程评价表

任务名称		认识结晶设备	任务评价	
序号	工作步骤	工作要点及技术要求	配分	评分
1	准备工作	穿戴劳保用品		
		工具、材料、记录准备		
2	认识结晶塔釜	认识结晶釜的主体结构（结构、原理、特点）		
		认识结晶釜各物料接口		
		认识结晶釜的仪表、阀门和检测器		

续表

任务名称	认识结晶设备		任务评价	
序号	工作步骤	工作要点及技术要求	配分	评分
3	识别泵等	能说出物料泵的类型,明确其操作要点		
4	认识其他动、静设备	识别本装置中其他主要动、静设备的类型,明确其操作要点		
5	使用工具、量具、器具	使用工具、量具、器具	正确选择、规范安全使用工具、量具、器具	
6	安全及其他	遵守国家法规或企业相关安全规范	安全使用水、电、气,高空作业不伤人、不伤己等安全防范意识、行为	
		是否在规定时间内完成	按时完成工作任务	
合 计			100	

任课老师：　　　年 月 日

二、总结与反思

1. 试结合自身任务完成的情况，通过交流讨论等方式学习较全面规范地填写本次任务的工作总结。

....

....

....

2. 其他意见和建议：

....

....

....

项目 10.2　操作结晶器

任务　操作简单结晶器

姓名		班级		建议学时	
所在组		岗位		成绩	

 任务目标

1. 掌握进入实训室的相关要求；
2. 学会规范穿戴劳保用品和常用工具的使用；
3. 能按照企业 6S 管理，施行人员、设备和资料的规范管理；
4. 能阅读工作任务单，明确工时、工作任务等信息；能规范记录、处理工作任务数据，能用语言、文字规范描述工作任务；
5. 团队协作等能力；
6. 通过实训过程提供的结晶设备和教学资料，按照操作规程要求，对实训结晶装置进行开车检查、正常开车、正常运行和正常停车操作，熟练掌握技能后换岗；
7. 通过结晶设备的操作，了解结晶操作方法；
8. 掌握常见结晶事故的处理方法。

课前准备

一、学习本实训室规章制度，在下表中列出你认为的重点并做出承诺

....

....

....

我承诺：实训期间绝不违反实训室规章制度

承诺人：

二、安全规范及劳保用品

  1. 规范穿好工作服（根据岗位需要列出并明确穿戴规范）。

  2. 正确佩戴安全帽。

  3. 正确佩戴防护口罩（如果需要请列出并明确佩戴规范）。

  4. 正确佩戴护目镜及耳塞（如果需要请列出并明确佩戴规范）。

  5. 其他劳保用品（如果需要请列出并明确佩戴规范）。

  6. 安全注意事项（根据岗位需要明确相应规范）。

任务描述

一、任务描述

  学生在接受老师指定的工作任务后，了解工作场地的环境、设备管理要求，穿着符合劳保要求的服装，在老师的指导下，掌握结晶操作的开停车操作。工作完成后按照6S现场管理规范清理场地、归置物品、资料归档，并按照环保规定处置废弃物。

二、具体任务

  1. 按照操作规程要求，对实训结晶装置进行开车检查、正常开车、正常运行和正常停车操作。熟练掌握技能后换岗。

  2. 通过结晶设备的操作，了解结晶操作方法。

  3. 掌握常见结晶事故的处理方法。

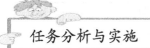

任务分析与实施

一、任务分析

  在结晶操作前，学员必须掌握结晶操作的开停车过程，建议按照以下步骤完成相关任务。

  1. 查阅相关书籍和资料，了解结晶操作开车前准备、正常开车、正常运行、正常停车等操作。

  2. 查阅相关书籍和资料，掌握结晶事故的处理方法。

二、任务实施

  1. 开车前准备工作

  2. 正常开车

3. 正常运行（控制参数）

4. 正常停车

5. 结晶操作中常见事故及处理方法

任务评价与总结

一、任务过程评价

任务过程评价表

任务名称		操作简单结晶器		任务评价	
序号	工作步骤	工作要点及技术要求		配分	评分
1	准备工作	穿戴劳保用品			
		工具、材料、记录准备			
2	开车前准备	熟悉系统温度、压力测量与控制点的位置及各取样点的位置			
		检查公用工程(水、电)是否处于正常的供应状态			
		设备上电,检查流程中各设备、仪表是否处于正常开车状态、动设备试车			
		检查原料罐,是否有足够原料供实训使用,检测原料浓度是否符合操作要求,如有问题进行补料或调整浓度的操作			
3	正常开车	启动恒温水浴,准备恒温水浴待用			
		启动结晶液泵,向结晶釜进料,控制流量			
		待结晶釜达到一半或2/3时停止进料			
		打开搅拌开关			
		启动恒温水浴,将结晶温度设定在一定数值			
4	正常操作	待结晶釜温度稳定后,打开出料阀使溶液进入离心机			
		启动离心机,待离心机运转一会,停止离心机,排除物料			
5	正常停车	关闭离心机			
		停止搅拌			
		关闭结晶液泵			
		将各阀门恢复到初始状态			
		关仪表电源和总电源			
		清理装置,打扫卫生			
6	使用工具、量具、器具	使用工具、量具、器具	正确选择、规范安全使用工具、量具、器具		
7	安全及其他	遵守国家法规或企业相关安全规范	安全使用水、电、气,高空作业不伤人,不伤己等安全防范意识、行为		
		是否在规定时间内完成	按时完成工作任务		
		合计		100	

任课老师：　　　年 月 日

二、总结与反思

1. 试结合自身任务完成的情况，通过交流讨论等方式学习较全面规范地填写本次任务的工作总结。

....

....

....

2. 其他意见和建议：

拓展项目

各种分离技术介绍

拓展项目1　膜分离技术

任务1　认识膜分离技术

姓名		班级		建议学时	
所在组		岗位		成绩	

任务目标

1. 掌握进入实训室的相关要求；
2. 学会规范穿戴劳保用品和常用工具的使用；
3. 能按照企业6S管理，施行人员、设备和资料的规范管理；
4. 能阅读工作任务单，明确工时、工作任务等信息；能规范记录、处理工作任务数据，能用语言、文字规范描述工作任务；
5. 团队协作等能力；
6. 了解膜分离新型分离方式的过程原理、特点；
7. 了解膜分离的工业应用；
8. 掌握膜分离的工艺流程及操作方法，熟悉设备的结构及作用。

课前准备

一、学习本实训室规章制度，在下表中列出你认为的重点并做出承诺

....

....

....

我承诺：实训期间绝不违反实训室规章制度
承诺人：

二、安全规范及劳保用品

1. 规范穿好工作服（根据岗位需要列出并明确穿戴规范）。
2. 正确佩戴安全帽。
3. 正确佩戴防护口罩（如果需要请列出并明确佩戴规范）。
4. 正确佩戴护目镜及耳塞（如果需要请列出并明确佩戴规范）。
5. 其他劳保用品（如果需要请列出并明确佩戴规范）。
6. 安全注意事项（根据岗位需要明确相应规范）。

一、任务描述

学生在接受老师指定的工作任务后，了解工作场地的环境、设备管理要求，穿着符合劳保要求的服装，在老师的指导下，通过资料查询膜分离方式的工作原理及特点、工艺流程及操作方法，熟悉设备结构及作用。工作完成后按照 6S 现场管理规范清理场地、归置物品、资料归档，并按照环保规定处置废弃物。

二、具体任务

1. 了解膜分离方式的过程原理、特点。
2. 了解膜分离的工业应用。
3. 掌握膜分离的工艺流程及操作方法，熟悉设备的结构及作用。

一、任务分析

学员必须掌握膜分离方式的工作原理及特点、工艺流程及操作方法，熟悉设备结构及作用，建议按照以下步骤完成相关任务。

1. 查阅相关书籍和资料，了解膜分离的工作原理、特点及工业应用。
2. 查阅相关书籍和资料，掌握膜分离的工艺流程及操作方法，熟悉设备的结构及作用。

二、任务实施

1. 膜分离的工业应用

膜过程	分离目的	传递机理	透过组分	截留组分	推动力	膜类型
反渗透						
超滤						
微滤						
纳滤						
电渗析						
渗透汽化						

2. 膜分离的性能及分类
3. 膜分离操作的特点

一、任务过程评价

任务过程评价表

任务名称		认识膜分离技术	任务评价	
序号	工作步骤	工作要点及技术要求	配分	评分
1	准备工作	穿戴劳保用品		
		工具、材料、记录准备		

任务名称		认识膜分离技术	任务评价	
序号	工作步骤	工作要点及技术要求	配分	评分
2	认识膜分离	认识膜分离的工业应用		
		了解膜分离的性能及分类		
		了解膜分离操作的特点		
3	安全及其他	维护工具、量具、器具	安全、文明使用各种工具，摆放整齐，用完整理归位	
		遵守国家法规或企业相关安全规范	安全使用水、电、气，高空作业不伤人、不伤己等安全防范意识、行为	
		是否在规定时间内完成	按时完成工作任务	
合计			100	

任课老师：　　　　　年　月　日

二、总结与反思

1. 试结合自身任务完成的情况，通过交流讨论等方式学习较全面规范地填写本次任务的工作总结。

2. 其他意见和建议：

任务2　认识膜分离装置与工艺

姓名		班级		建议学时	
所在组		岗位		成绩	

任务目标

1. 掌握进入实训室的相关要求；
2. 学会规范穿戴劳保用品和常用工具的使用；
3. 能按照企业6S管理，施行人员、设备和资料的规范管理；
4. 能阅读工作任务单，明确工时、工作任务等信息；能规范记录、处理工作任务数据，能用语言、文字规范描述工作任务；
5. 团队协作等能力；
6. 了解膜组件，认识板框式膜组件、螺旋卷式膜组件、罐式膜组件、中空纤维膜组件；
7. 了解膜分离的工艺。

课前准备

一、学习本实训室规章制度，在下表中列出你认为的重点并做出承诺

....

....

....

我承诺：实训期间绝不违反实训室规章制度

承诺人：

二、安全规范及劳保用品

1. 规范穿好工作服（根据岗位需要列出并明确穿戴规范）。

2. 正确佩戴安全帽。

3. 正确佩戴防护口罩（如果需要请列出并明确佩戴规范）。

4. 正确佩戴护目镜及耳塞（如果需要请列出并明确佩戴规范）。

5. 其他劳保用品（如果需要请列出并明确佩戴规范）。

6. 安全注意事项（根据岗位需要明确相应规范）。

任务描述

一、任务描述

学生在接受老师指定的工作任务后，了解工作场地的环境、设备管理要求，穿着符合劳保要求的服装，在老师的指导下，了解膜组件，认识板框式膜组件、螺旋卷式膜组件、管式膜组件、中空纤维膜组件。工作完成后按照 6S 现场管理规范清理场地、归置物品、资料归档，并按照环保规定处置废弃物。

二、具体任务

1. 了解膜组件，认识板框式膜组件、螺旋卷式膜组件、管式膜组件、中空纤维膜组件。

2. 了解膜分离的工艺。

任务分析与实施

一、任务分析

学员必须掌握膜分离设备、工作原理，建议按照以下步骤完成相关任务。

1. 查阅相关书籍和资料，了解框式膜组件、螺旋卷式膜组件、管式膜组件、中空纤维膜组件。

2. 查阅相关书籍和资料，了解膜分离工艺。

二、任务实施

　1. 膜组件

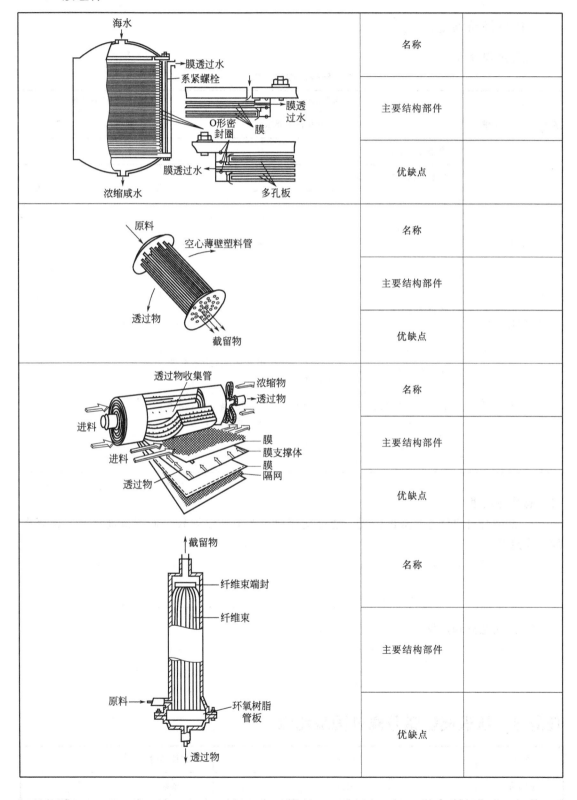

	名称	
	主要结构部件	
	优缺点	
	名称	
	主要结构部件	
	优缺点	
	名称	
	主要结构部件	
	优缺点	
	名称	
	主要结构部件	
	优缺点	

2. 膜分离工艺

任务评价与总结

一、任务过程评价

任务过程评价表

任务名称		认识膜分离装置与工艺		任务评价	
序号	工作步骤	工作要点及技术要求		配分	评分
1	准备工作	穿戴劳保用品			
		工具、材料、记录准备			
2	认识膜组件	板框式膜组件			
		螺旋卷式膜组件			
		管式膜组件			
		中空纤维膜组件			
3	认识膜分离的工艺	浓差极化及减弱措施			
		膜污染与防止			
4	安全及其他	维护工具、量具、器具	安全、文明使用各种工具、摆放整齐、用完整理归位		
		遵守国家法规或企业相关安全规范	安全使用水、电、气,高空作业不伤人、不伤己等安全防范意识、行为		
		是否在规定时间内完成	按时完成工作任务		
合计				100	

任课老师:　　　　　年　月　日

二、总结与反思

1. 试结合自身任务完成的情况,通过交流讨论等方式学习较全面规范地填写本次任务的工作总结。

....

....

....

2. 其他意见和建议:

....

....

....

任务3　认识典型膜分离过程及比较

姓名		班级		建议学时	
所在组		岗位		成绩	

任务目标

1. 掌握进入实训室的相关要求；
2. 学会规范穿戴劳保用品和常用工具的使用；
3. 能按照企业 6S 管理，施行人员、设备和资料的规范管理；
4. 能阅读工作任务单，明确工时、工作任务等信息；能规范记录、处理工作任务数据，能用语言、文字规范描述工作任务；
5. 团队协作等能力；
6. 了解反渗透、超滤和微滤典型膜分离的过程；
7. 了解常见膜分离过程比较。

课前准备

一、学习本实训室规章制度，在下表中列出你认为的重点并做出承诺

....
....
....

我承诺：实训期间绝不违反实训室规章制度

承诺人：

二、安全规范及劳保用品
1. 规范穿好工作服（根据岗位需要列出并明确穿戴规范）。
2. 正确佩戴安全帽。
3. 正确佩戴防护口罩（如果需要请列出并明确佩戴规范）。
4. 正确佩戴护目镜及耳塞（如果需要请列出并明确佩戴规范）。
5. 其他劳保用品（如果需要请列出并明确佩戴规范）。
6. 安全注意事项（根据岗位需要明确相应规范）。

任务描述

一、任务描述
　　学生在接受老师指定的工作任务后，了解工作场地的环境、设备管理要求，穿着符合劳保要求的服装，在老师的指导下，掌握典型膜分离的过程。工作完成后按照 6S 现场管理规范清理场地、归置物品、资料归档，并按照环保规定处置废弃物。
二、具体任务
　　1. 了解反渗透、超滤和微滤典型膜分离的过程。
　　2. 了解常见膜分离过程比较。

任务分析与实施

一、任务分析

学员必须了解典型膜分离的过程，建议按照以下步骤完成相关任务：

1. 查阅相关书籍和资料，了解反渗透、超滤和微滤典型膜分离的过程；

2. 查阅相关书籍和资料，了解常见膜分离过程比较。

二、任务实施

1. 反渗透

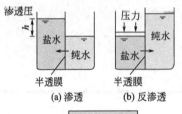

(a)渗透　　(b)反渗透

渗透和反渗透

工作原理：

主要应用领域：

2. 超滤与微滤

工作原理：

主要应用：

优缺点：

优缺点：

3. 常见的膜分离过程比较

过程	示意图	原理	膜类型	推动力	透过物质	截留物质
	进料A　　　浓缩液A 稀释液B　膜　浓缩液B					
	进料　　　纯化液 杂质　膜　透析液					
	阴膜　阳膜					
	进料　　　浓缩液 膜　　水					
	进料　　　浓缩液 膜　　水					

续表

过程	示意图	原理	膜类型	推动力	透过物质	截留物质
	进料→ 膜 →浓缩液 →水					
	进料→ 膜 →贫气 →富气					

任务评价与总结

一、任务过程评价

任务过程评价表

任务名称		认识典型膜分离过程及比较		任务评价	
序号	工作步骤	工作要点及技术要求		配分	评分
1	准备工作	穿戴劳保用品			
		工具、材料、记录准备			
2	了解典型膜分离过程	反渗透			
		超滤与微滤			
3	常见膜分离过程比较	常见膜分离过程比较			
4	安全及其他	维护工具、量具、器具	安全、文明使用各种工具、摆放整齐、用完整理归位		
		遵守国家法规或企业相关安全规范	安全使用水、电、气,高空作业不伤人、不伤己等安全防范意识、行为		
		是否在规定时间内完成	按时完成工作任务		
合计				100	

任课老师： 年 月 日

二、总结与反思

1. 试结合自身任务完成的情况，通过交流讨论等方式学习较全面规范地填写本次任务的工作总结。

....

....

....

2. 其他意见和建议：

....

....

....

拓展项目 2 吸附技术

任务 1 认识吸附技术

姓名		班级		建议学时	
所在组		岗位		成绩	

 任务目标

1. 掌握进入实训室的相关要求；
2. 学会规范穿戴劳保用品和常用工具的使用；
3. 能按照企业 6S 管理，施行人员、设备和资料的规范管理；
4. 能阅读工作任务单，明确工时、工作任务等信息；能规范记录、处理工作任务数据，能用语言、文字规范描述工作任务；
5. 团队协作等能力；
6. 了解吸附操作的工作原理；
7. 了解吸附操作在化工生产中的应用；
8. 认识吸附操作设备。

 课前准备

一、学习本实训室规章制度，在下表中列出你认为的重点并做出承诺

....

....

....

我承诺：实训期间绝不违反实训室规章制度

承诺人：

二、安全规范及劳保用品

1. 规范穿好工作服（根据岗位需要列出并明确穿戴规范）。
2. 正确佩戴安全帽。
3. 正确佩戴防护口罩（如果需要请列出并明确佩戴规范）。
4. 正确佩戴护目镜及耳塞（如果需要请列出并明确佩戴规范）。
5. 其他劳保用品（如果需要请列出并明确佩戴规范）。
6. 安全注意事项（根据岗位需要明确相应规范）。

一、任务描述

　　学生在接受老师指定的工作任务后，了解工作场地的环境、设备管理要求，穿着符合劳保要求的服装，在老师的指导下，通过资料查询吸附技术的工作原理及在化工生产中的应用，认识吸附设备。工作完成后按照 6S 现场管理规范清理场地、归置物品、资料归档，并按照环保规定处置废弃物。

二、具体任务

　　1. 了解吸附操作的工作原理。

　　2. 了解吸附操作在化工生产中的应用。

　　3. 认识吸附操作设备。

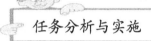

一、任务分析

　　学员必须掌握吸附操作的工作原理及在化工生产中的应用，建议按照以下步骤完成相关任务：

　　1. 查阅相关书籍和资料，了解吸附操作的工作原理及在化工生产中的应用；

　　2. 查阅相关书籍和资料，认识吸附操作的设备。

二、任务实施

　　1. 吸附的工作原理

　　...

　　...

　　...

　　2. 吸附操作在化工生产中的应用

　　...

　　...

　　...

　　3. 吸附操作的设备

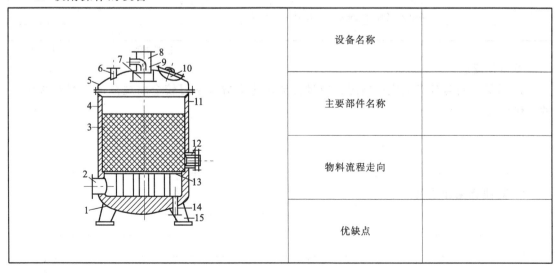

	设备名称	
	主要部件名称	
	物料流程走向	
	优缺点	

续表

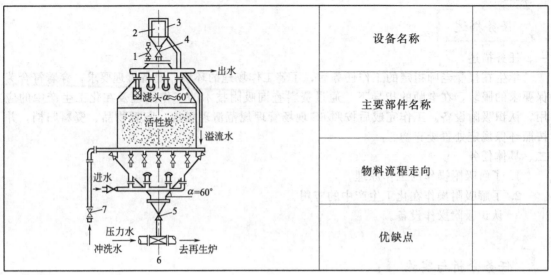	设备名称	
	主要部件名称	
	物料流程走向	
	优缺点	

任务评价与总结

一、任务过程评价

任务过程评价表

任务名称		认识吸附技术	任务评价	
序号	工作步骤	工作要点及技术要求	配分	评分
1	准备工作	穿戴劳保用品		
		工具、材料、记录准备		
2	认识吸附操作原理及化工生产中的应用	吸附操作的工作原理		
		吸附操作在化工生产中的应用		
3	认识吸附操作设备	吸附操作的设备		
4	安全及其他	维护工具、量具、器具	安全、文明使用各种工具、摆放整齐、用完整理归位	
		遵守国家法规或企业相关安全规范	安全使用水、电、气,高空作业不伤人、不伤己等安全防范意识、行为	
		是否在规定时间内完成	按时完成工作任务	
	合计		100	

任课老师：　　　　年　月　日

二、总结与反思

1. 试结合自身任务完成的情况,通过交流讨论等方式学习较全面规范地填写本次任务的工作总结。

2. 其他意见和建议：

任务 2　认识吸附剂

姓名		班级		建议学时	
所在组		岗位		成绩	

 **任务目标**

> 1. 掌握进入实训室的相关要求；
> 2. 学会规范穿戴劳保用品和常用工具的使用；
> 3. 能按照企业 6S 管理，施行人员、设备和资料的规范管理；
> 4. 能阅读工作任务单，明确工时、工作任务等信息，能规范记录、处理工作任务数据，能用语言、文字规范描述工作任务；
> 5. 团队协作等能力；
> 6. 了解常用的吸附剂；
> 7. 了解吸附剂的性能要求。

 **课前准备**

一、学习本实训室规章制度，在下表中列出你认为的重点并做出承诺

....
....
....

我承诺：实训期间绝不违反实训室规章制度

承诺人：

二、安全规范及劳保用品

1. 规范穿好工作服（根据岗位需要列出并明确穿戴规范）。

2. 正确佩戴安全帽。

3. 正确佩戴防护口罩（如果需要请列出并明确佩戴规范）。

4. 正确佩戴护目镜及耳塞（如果需要请列出并明确佩戴规范）。

5. 其他劳保用品（如果需要请列出并明确佩戴规范）。

6. 安全注意事项（根据岗位需要明确相应规范）。

任务描述

一、任务描述

学生在接受老师指定的工作任务后，了解工作场地的环境、设备管理要求，穿着符合劳保要求的服装，在老师的指导下，了解几种常用的吸附剂及吸附剂性能。工作完成后按照 6S 现场管理规范清理场地、归置物品、资料归档，并按照环保规定处置废弃物。

二、具体任务

1. 了解常用的吸附剂。

2. 了解吸附剂的性能要求。

任务分析与实施

一、任务分析

学员必须掌握常用的吸附剂，建议按照以下步骤完成相关任务。

1. 查阅相关书籍和资料，了解几种常用的吸附剂。

2. 查阅相关书籍和资料，了解吸附剂的性能要求。

二、任务实施

1. 活性炭

2. 活性氧化铝

3. 硅胶

4. 沸石分子筛

5. 吸附剂的性能要求

任务评价与总结

一、任务过程评价

任务过程评价表

任务名称		认识吸附剂	任务评价	
序号	工作步骤	工作要点及技术要求	配分	评分
1	准备工作	穿戴劳保用品		
		工具、材料、记录准备		
2	认识常见吸附剂	活性炭		
		活性氧化铝		
		硅胶		
		沸石分子筛		
3	认识吸附剂的性能要求	吸附剂的性能要求		
4	安全及其他	维护工具、量具、器具	安全、文明使用各种工具、摆放整齐、用完整理归位	
		遵守国家法规或企业相关安全规范	安全使用水、电、气,高空作业不伤人、不伤己等安全防范意识、行为	
		是否在规定时间内完成	按时完成工作任务	
合计			100	

任课老师：   年 月 日

二、总结与反思

1. 试结合自身任务完成的情况，通过交流讨论等方式学习较全面规范地填写本次任务的工作总结。

....

....

....

2. 其他意见和建议：

....

....

....

任务 3　认识工业吸附过程

姓名		班级		建议学时	
所在组		岗位		成绩	

 任务目标

1. 掌握进入实训室的相关要求；
2. 学会规范穿戴劳保用品和常用工具的使用；
3. 能按照企业 6S 管理，施行人员、设备和资料的规范管理；
4. 能阅读工作任务单，明确工时、工作任务等信息；能规范记录、处理工作任务数据，能用语言、文字规范描述工作任务；
5. 团队协作等能力；
6. 了解工业吸附的过程。

 课前准备

一、学习本实训室规章制度，在下表中列出你认为的重点并做出承诺

....

....

....

我承诺：实训期间绝不违反实训室规章制度

承诺人：

二、安全规范及劳保用品

1. 规范穿好工作服（根据岗位需要列出并明确穿戴规范）。
2. 正确佩戴安全帽。
3. 正确佩戴防护口罩（如果需要请列出并明确佩戴规范）。
4. 正确佩戴护目镜及耳塞（如果需要请列出并明确佩戴规范）。
5. 其他劳保用品（如果需要请列出并明确佩戴规范）。
6. 安全注意事项（根据岗位需要明确相应规范）。

任务描述

一、任务描述

学生在接受老师指定的工作任务后，了解工作场地的环境、设备管理要求，穿着符合劳

保要求的服装，在老师的指导下，掌握工业吸附过程。工作完成后按照 6S 现场管理规范清理场地、归置物品、资料归档，并按照环保规定处置废弃物。

二、具体任务

了解工业吸附过程。

任务分析与实施

一、任务分析

学员必须了解工业吸附的过程，建议按照以下步骤完成相关任务：查阅相关书籍和资料，了解变温吸附循环、变压吸附循环、变浓度吸附循环、置换吸附循环。

二、任务实施

1. 变温吸附

2. 变压吸附

3. 变浓度吸附

4. 置换吸附

任务评价与总结

一、任务过程评价

任务过程评价表

任务名称		认识工业吸附过程		任务评价	
序号	工作步骤	工作要点及技术要求		配分	评分
1	准备工作	穿戴劳保用品			
		工具、材料、记录准备			
2	认识工业吸附过程	变温吸附			
		变压吸附			
		变浓度吸附			
		置换吸附			
3	安全及其他	维护工具、量具、器具	安全、文明使用各种工具、摆放整齐、用完整理归位		
		遵守国家法规或行业企业相关安全规范	安全使用水、电、气，高空作业不伤人、不伤己等安全防范意识、行为		
		是否在规定时间内完成	按时完成工作任务		
合计				100	

任课老师：　　　　年　月　日

二、总结与反思

1. 试结合自身任务完成的情况，通过交流讨论等方式学习较全面规范地填写本次任务的工作总结。

....

....

....

2. 其他意见和建议：

....

....

....

拓展项目 3　超临界流体萃取技术

任务　认识超临界流体萃取技术

姓名		班级		建议学时	
所在组		岗位		成绩	

任务目标

1. 掌握进入实训室的相关要求；
2. 学会规范穿戴劳保用品和常用工具的使用；
3. 能按照企业 6S 管理，施行人员、设备和资料的规范管理；
4. 能阅读工作任务单，明确工时、工作任务等信息；能规范记录、处理工作任务数据，能用语言、文字规范描述工作任务；
5. 团队协作等能力；
6. 了解超临界流体萃取技术的发展；
7. 了解超临界流体萃取技术的工业应用。

课前准备

一、学习本实训室规章制度，在下表中列出你认为的重点并做出承诺

....

....

....

　　　　　　　　　　　　　我承诺：实训期间绝不违反实训室规章制度

　　　　　　　　　　　　　　　　　　承诺人：

二、安全规范及劳保用品

1. 规范穿好工作服（根据岗位需要列出并明确穿戴规范）。
2. 正确佩戴安全帽。
3. 正确佩戴防护口罩（如果需要请列出并明确佩戴规范）。
4. 正确佩戴护目镜及耳塞（如果需要请列出并明确佩戴规范）。
5. 其他劳保用品（如果需要请列出并明确佩戴规范）。

6. 安全注意事项（根据岗位需要明确相应规范）。

任务描述

一、任务描述

　　学生在接受老师指定的工作任务后，了解工作场地的环境、设备管理要求，穿着符合劳保要求的服装，在老师的指导下，了解超临界流体萃取技术。工作完成后按照 6S 现场管理规范清理场地、归置物品、资料归档，并按照环保规定处置废弃物。

二、具体任务

　　1. 了解超临界流体萃取技术的发展。

　　2. 了解超临界流体萃取技术的工业应用。

任务分析与实施

一、任务分析

　　学员必须了解超临界流体萃取技术，建议按照以下步骤完成相关任务。

　　1. 查阅相关书籍和资料，了解超临界流体萃取技术的发展。

　　2. 查阅相关书籍和资料，了解超临界流体萃取技术的工业应用。

二、任务实施

　　1. 超临界流体萃取技术的工作原理

　　2. 重要性质

　　3. 工业应用

任务评价与总结

一、任务过程评价

任务过程评价表

任务名称		认识超临界流体萃取技术	任务评价	
序号	工作步骤	工作要点及技术要求	配分	评分
1	准备工作	穿戴劳保用品		
		工具、材料、记录准备		
2	超临界流体萃取技术的发展	超临界流体萃取技术的发展		
3	超临界流体萃取技术的工业应用	超临界流体萃取技术的工业应用		
4	安全及其他	维护工具、量具、器具	安全、文明使用各种工具、摆放整齐、用完整理归位	
		遵守国家法规或行业企业相关安全规范	安全使用水、电、气，高空作业不伤人、不伤己等安全防范意识、行为	
		是否在规定时间内完成	按时完成工作任务	
合计			100	

　　　　　　　　　　　　　　　　　　　　　　　　　任课老师：　　　　　年　月　日

二、总结与反思

1. 试结合自身任务完成的情况，通过交流讨论等方式学习较全面规范地填写本次任务的工作总结。

2. 其他意见和建议：

参 考 文 献

[1] 侯丽新. 化工生产单元操作. 北京：化学工业出版社，2009.

[2] 谢鹏波. 压缩机维护检修技术. 长春：吉林大学出版社，2015.

[3] 刘兵，陈效毅. 化工单元操作技术. 北京：化学工业出版社，2014.

[4] 陶贤平. 化工单元操作实训. 北京：化学工业出版社，2007.

[5] 张有力. 零件的普通车床加工工作页. 北京：北京邮电大学出版社，2014.